项目编号：20160204060GX

# 国内外直线电机的应用与趋势研究

张　超　著

中国纺织出版社

## 内容提要

随着时代的发展和进步，直线电机也在众多领域中得到应用，并且在高效节能的新技术的支持下，也为直线电机技术的发展带来了新的契机。本书主要从直线电机的基本概念入手，介绍了直线电机的线路设计与选择、直线电机在轨道和高架桥上的应用、国外直线电机的应用和发展及未来高温超导直线电机的发展等。

本书既可供相关科研人员和工程技术人员参考，也可作为高等院校学生的参考用书。

**图书在版编目（CIP）数据**

国内外直线电机的应用与趋势研究 / 张超著. -- 北京：中国纺织出版社，2018.11（2022.1 重印）
ISBN 978-7-5180-5555-5

Ⅰ. ①国… Ⅱ. ①张… Ⅲ. ①直线电机-研究 Ⅳ. ①TM359.4

中国版本图书馆 CIP 数据核字（2018）第 250366 号

责任编辑：郭　婷　　　　责任印制：储志伟

中国纺织出版社出版发行
地址：北京市朝阳区百子湾东里 A407 号楼　　邮政编码：100124
销售电话：010-67004422　　　　　　传真：010-87155801
http://www.c-textilep.com
E-mail：faxing@c-textilep.com
中国纺织出版社天猫旗舰店
官方微博 http://www.weibo.com/2119887771
北京市金木堂数码科技有限公司印刷　　　　各地新华书店经销
2018 年 11 月第 1 版　　2022 年 1 月第 6 次印刷
开本：710×1000　1/16　　　　印张：12.25
字数：238 千字　　　　　　　　定价：65.00 元

# 前　言

我国对于传统直线电机的控制技术研究，大体处于应用领域的技术探索、设计及特性分析阶段。虽然直线电机在需要实现直线运动的应用中，有定位精度高、速度快等优点，但是，由于交流异步感应直线电机与旋转交流异步电机一样，属于强耦合、非线性、多变量系统，直线电机还有明显的端部效应，直线电机对扰动和系统参数变化很敏感，而且由于摩擦力和推力脉动，使系统具有明显的非线性。直线感应电机又恰恰是一个时变的对象。因此，如何跟踪被控对象参数的变化，提高控制系统的鲁棒性，采用何种控制方法并且该控制算法不依赖于被控对象参数变化这些问题，成为现在传动控制系统研究的热点。目前，我国直线电机技术开发及研究已取得了一定成就，也具有很好的发展潜力和资源。但总体上与国外相比，我国在直线电机的应用研究和产品开发方面还存在较大差距，国内一些应用直线电机驱动的机电自动化装备企业主要依赖进口，其现状制约了国家综合科技能力的提升。这有待直线电机研究单位及研究人员的共同努力，进一步提高直线电机的研发水平，促进我国直线电机的产业化发展。

本书共6章。第一章是概述，对直线电机的基本内容、直线感应电机轮轨交通牵引的基本原理和系统组成进行了介绍。第二章为直线电机控制技术基础，包括直线电机常用控制技术、直线电机常用控制算法两部分内容。第三章是直线电机轮轨交通的设计与选择，对其特点、发展及各部件的选择与安装进行了详细的介绍。第四章是直线电机轮轨交通的高架结构的发展，叙述了国内外直线电机轮轨交通高架发展状况。第五章是直线电机轮轨交通的高架结构设计、构造与应用，对高架桥及车站的设计等内容进行了介绍。第六章是高温超导直线电机，主要内容是高温超导直线电机的工作原理、相关技术、应用及发展状况。本书参考并引用了大量相关文献，在此我们对相关作者深表感谢。由于作者学识与经验有限，加之时间匆促，书中谬误之处难以避免，恳请同行专家和读者不吝指正。

作　者

# 目　录

# 第一章 概述

随着科学技术的发展，我国直线电机的应用技术也取得了巨大进步。日常生活中，我们可以看到很多设备安装的都有直线驱动装置，但是其工作方式大部分都是借助旋转电机的中间转换装置才完成直线运动。通常情况下，此类装置由于体积大，精度低，工作效率低等缺陷，严重影响了直线驱动装置的发展。直到 20 世纪中期，直线电机带着新原理、新理论为机电领域带来了一项新技术，直线电机装置不需要外界设备的辅助就可以直接将电能转化为直线运动的机械能，最终实现物体的直线运动。由于直线电机装置所具备的各种优势，此项技术得到了社会各界的广泛关注，因此促进了直线电机技术的发展和应用。

## 第一节 直线电机的装置及工作原理

### 一、直线电机装置

直线电机是国外近年来发展起来的一种新型电机。与旋转电机相比，它不需要中间转换装置，能把电能直接转变为做直线运动的机械能。直线电机的生产，简化了直线运动的步骤，它所拥有的新技术为电能领域带来了新发展。未来快速发展的科技时代，直线电机将引起世界的高度关注，其发展趋势会像电子技术一样快速而又迅猛，广泛地应用于社会发展的各个领域。

在生产制作过程中，直线电机的外形可以根据生产需要选择，其主要生产形式有圆筒型、扁平型和盘型。其外观形状有很多种，可以随意更改外形，根据人们的需求进行设计制作。并且，它的电能供给装置可以使用多种类型的电源来完成，直流电源、交流电源或脉冲电源都可以使其工作。它的工作效率十分惊人，可以瞬间将一架静止的直升机的速度增加到每小时几百千米的状态，如果在真空条件下运行，可以提高到每小时几万千米的速度。由于直线电机的特殊功能，可以将其制作成电磁炮使用在军事领域中，并且该装置具备强大的提速性能，军事科研人员试图将其应用在火箭和导弹的发射当中；在交通运输领域里，直线电机装置具备的高速性能可被人们利用在磁悬浮列车上，最高时速可以超过 500km/h；另外在工业制造中，直线电机被使用在直线运输的设备中。直线电机不仅速度快、推力大，而且也可以使用在一些低速、精度高的设备中。直线电机的优势促进了它在各领域的应用和发展，它也被应用于许多精密仪器中，例如，医疗器材、航空航天设备、照相机的快门、工业自动化仪器等。此外，在我们日常生活中的一些装置也配备了直线电机，如窗户、门板、椅子的移动等。

通过以上综合描述，可以发现直线电机的优势十分明显，这种装置已经被广泛应用于军事、交通、工业、自动化领域，直线电机的应用带动了各行业的经济发展，快速提高了国民经济水平。

通过直线电机与非直线电机驱动装置的对比，我们可以总结出使用直线电机装置的优点：

（1）安装直线电机装置的设备不需要中间转换装置就能产生动力，直接产生机械动能，并且运行平稳可靠，维护成本低。

（2）普通的旋转电机装置由于受到离心力的影响，其产生的圆周速度会有一个限制范围；直线电机的结构组成就不会受到离心力的影响，产生的直线速度也不会被限制。

（3）直线电机装置所产生的机械动能是由电能直接产生的，能源的转化可以没有机械接触，零件之间没有机械摩擦，减少装置设备的摩擦损耗。

（4）旋转电机的工作方式主要是通过齿轮、传送带等机构转化成直线运动，在运行的过程中会产生大量的噪声；直线电机的运行是通过电磁推力完成的，工作过程不会产生机械摩擦，所以整个运行状态下噪声很小或没有噪声。

（5）直线电机的整体结构简单，由于其整体性良好，可用于一些特殊的环境下。例如，潮湿有水的环境，有毒、有害气体或具有腐蚀性气体环境下均可使用。

## 二、直线电机的工作原理

电机在生活中是一种常见的机械装置，大多数人对电机外形的印象都是圆柱状，并且电机的运动形式为旋转运动。旋转电机都是由一个定子和一个转子构成的，工作过程中定子以转子为中心做旋转运动。主要原因是无数导线组成的定子会产生磁场，转子通电后会产生磁力作用，然后转子在旋转力矩的作用下完成转动。而直线电机与旋转电机的工作形式完全不同，直线电机在工作过程中，将两个圆柱状的定子面对面展开平铺在运动表面，然后将定子的长度向外延长，采用特殊的方式把转子固定在两块定子之间，保持转子固定平稳，并保留一定的空隙。如图 1－1（a）、图 1－1

（b）所示，分别为一台旋转电机和一台直线电机。

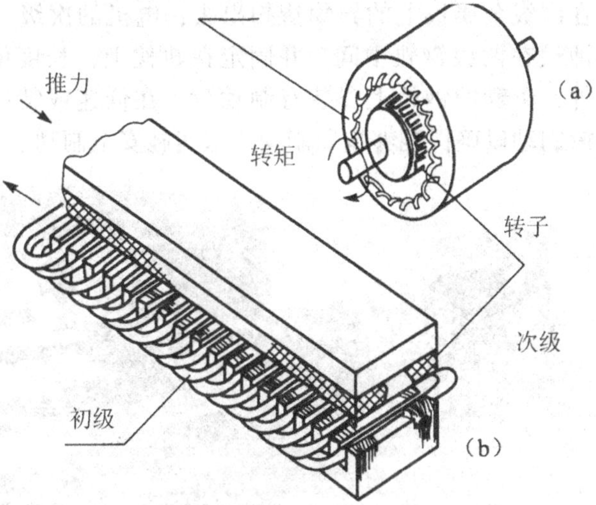

**图1-1　旋转电机和直线电机示意图**
（a）旋转电机；（b）直线电机

直线电机的使用，可以将同步电机、感应电机等制作成直线电机，但在结构上又有不同，无整流子型结构只能在同步电机、感应电机上使用，直线电机结构种没有无整流子型，所以由于结构的差异导致直线电机通常都是感应电机和同步电机。

尽管直线电机相比普通电机优势很明显，但是其结构上也是有缺点的，即两个定子在上下层包围一个转子形成直线电机的基本结构，转子和定子之间的距离很难像旋转电机一样调整到很小，主要是因为旋转电机是无限循环旋转运动的，而直线电机转子的运动是有轨迹限制的。这就造成了直线电机在电气与机械能转化方面效率很低，且直线电机运动中会出现泄漏磁通量多的现象。

## 第二节　直线感应电机轮轨交通牵引的基本原理

### 一、牵引与制动系统的基本结构

直线电机牵引的地铁车辆是将直线感应电机的定子（含电磁铁和线圈）安装在车辆的转向架上，将转子（金属板）沿线路铺设在轨道中间，如图1-2所示。电机的定子也叫初级，转子也叫次级，由于是金属平板结构，工作时能感应出电势和电流，故习惯上被称作感应板（Reaction Plate）。图

1-2中，电机的初级长度一般为2~2.8m，两头是锥形结构，在运行过程中有利于把落在次级金属板上的异物清扫出去；电机的次级（感应板）沿着轨道的方向铺设在两根钢轨中间，并固定在轨枕上，长度依轨道的建设规划而定；另外，车辆的钢轮上安装有制动盘，在低速或特殊情况时的制动，要启用摩擦制动以确保能够按照制动要求实施安全制动。

车体

转向架

直线电机（定子）　　感应轨（转子）

图1-2　安装在列车上的牵引直线感应电机

## 二、牵引与制动系统工作原理

直线感应电机是从传统的旋转电机演变而来的。它的工作原理与普通旋转电机类似，就如同将旋转电机沿半径方向切开展平而成，其运动方式也就由旋转运动变为直线运动，如图1-3所示。图中，原来旋转感应电机（Rotational Induction Motor，RIM）圆形的静止定子就成了直线感应电机（Linear Induction Motor，LIM）的平直初级；原来RIM的圆形转子就成了LIM的平直感应板，感应板沿线路安装固定在轨道上。

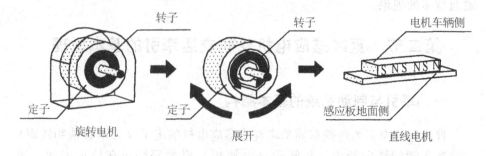

转子　　　　　　　　转子　　　　　　　　电机车辆侧

定子　　　　　　　　定子　　　　　　　　感应板地面侧

旋转电机　　　　　　展开　　　　　　　　直线电机

图1-3　直线感应电机工作原理

根据感应电机原理，当电流通过直线感应电机的初级电磁线圈时，会产生向前方向的行波磁场，并在次级感应板上产生涡流电流（二次电流）。该涡流电流切割行波磁场产生的力就是直线感应电机的电磁推力。列车靠车轮支撑在轨道上，由于次级感应板是固定在轨道枕木上的，反作用力就推动直线感应电机初级，从而带动转向架和列车在轨道上运行。因此，直线感应电机的牵引和制动原理，与传统旋转电机的牵引和制动的基本原理一样。

直线感应电机工作时，除了牵引力外，还有初级与次级感应板之间的垂向力需要考虑，这与旋转电机也有很大不同。根据电机转差的变化，垂向力可能是吸引力，也可能是排斥力。直线感应电机的初级铁芯和次级铁轨之间产生吸引力；初级电流和次级感应电流之间产生排斥力。牵引力和初级、次级间垂向力的关系比较复杂，不能简单地给予定量描述。

# 第三节　直线感应电机轮轨交通牵引系统组成

## 一、牵引逆变器

牵引逆变器通过高压断路器（HB）和线路接触器获得牵引供电网的电压。对于国内两条已开通的直线感应电机轮轨交通线路来说，广州地铁4号线牵引供电网的电压标称为直流1500V，允许波动范围为1000~1800V；北京首都机场线牵引网的电压标称为直流750V，允许波动范围为500~900V。牵引逆变器将牵引网的直流电压转换为驱动三相直线感应电机（LIM）所需的三相交流电压。广州地铁4号线和北京首都机场线的牵引传动系统均采用1台牵引逆变器驱动、2台直线感应电动机，称为1C2M驱动模式。控制方式为间接矢量控制方式。

牵引逆变器采用电压型VVVF逆变器，应满足IEC61287—1要求。其振动和冲击条件要满足IEC60077和/或IEC60571/61373。变频器系统采用PWM控制技术，逆变器模块采用IGBT功率元件。VVVF逆变器的主要部件有输入滤波器、三相IGBT、牵引控制单元（Traction Control Unit，TCU），牵引控制系统采用32位微机控制。牵引控制单元也称传动控制单元（Driving Control Unit，DCU）。

## （一）牵引变流器的开关器件

### 1. 功率器件IGBT简介

IGBT是绝缘栅双极晶体管（Insulated Gate Bipolar Transistor）的简称。

这是一种非常有生命力的器件，工作原理请参考电力电子学，这里就不再详细介绍，符号如图 1 - 4 所示。IGBT 的三个极分别称为集电极（Collector）、发射极（Emitter）和栅极（Gate），与晶体管（Bipolar Junction Transistor, BJT）的集电极、发射极和基极相对应，也与垂直导电双扩散 MOS 功率晶体管（VDMOS）的漏极、源极和栅极相对应。从 IGBT 的表示符号和表示字母可以看出，IGBT 的导通电流设计部分吸收了 BJT 的工作机理，驱动部分吸收了 VDMOS 的工作机理。IGBT 在选择使用中，要着重注意以下几个问题：

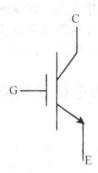

**图 1 - 4　IGBT 符号**

（1）IGBT 和 VDMOS 一样，是电压驱动的器件。一般驱动电压为 15V，为了防止关断时的误触发，通常在 IGBT 关断后施加一个 10V 左右的反向偏置电压。它与 VDMOS 和 BJT 一样，当 IGBT 器件集电极和发射极之间导通时，栅极和发射极之间必须自始至终有驱动信号。

（2）IGBT 的集电极电流是指最大值电流，所以在选择器件电流容量的时候，要把电路中的最大电流限制在器件的电流容量之内。

（3）IGBT 与 BJT 一样，能承受的 $di/dt$ 和 $dv/dt$ 比较高。在电路设计时，可以不考虑 $di/dt$ 和 $dv/dt$ 的吸收回路。但由于 IGBT 的开关速度也很快，一定要考虑 IGBT 关断时与器件相连接的线路上分布电感能量的吸收，以免电感能量转化成过电压击穿烧坏 IGBT 器件。

（4）IGBT 的开关频率比 BJT 高，但比 VDMOS 低。容量在 1700V/600A 以内的 IGBT 一般用在工业领域，工作频率可以到 20kHz；而应用于城市轮轨交通等大功率场合的 IGBT 工作频率一般在 1~2kHz 之间，建议 3300V/1200A 的 IGBT 工作频率要低于 2kHz。

（5）IGBT 比 VDMOS 和 BJT 更容易通过更大的电流。在同样大小的硅片上，IGBT 的通过电流能力是 VDMOS 的 20 倍左右，是 BJT 的 5 倍左右。

（6）IGBT 关断时有拖尾电流，这是 IGBT 的结构特点所决定的。因此，如果要通过软开关来减小开关损耗，采用零电流软开关更有实际意义。

（7）IGBT 一般可以承受短路电流的时间为 10μs。因此，在 IGBT 发生短路后，必须在 10μs 内撤掉栅极驱动电压。现在市场上的 IGBT 驱动电路一般都有短路保护功能，且短路后会在 5~6μs 以内通过软关断的方式来撤掉 IGBT 的驱动电压脉冲。短路保护通过软关断实现，可减小加在 IGBT 两端的瞬时过电压。

IGBT 是一种非常成功的电力电子半导体器件。现在的 IGBT 容量已经做到 6500V/800A。IGBT 已经在很多领域取代大功率器件 BJT 等。一般地，现在功率等级在 1.5MVA 以内的应用领域都采用 IGBT。

### 2. IGBT 器件的热循环能力

城市轨道动车起停频繁，使得牵引逆变器的开关器件 IGBT 热胀冷缩频繁，这就需要认真考虑 IGBT 器件的热循环能力。比如，广州 4 号线线路全长 69.9km，平均站间距 3km，直线电机驱动。列车正常加速度 1.0m/s²，制动加速度 1.0m/s²，紧急制动减速度 1.3m/s²，车辆最高运行速度 90km/h，因此牵引变流器的温度循环时间很短，有的只有 2 分钟左右。国产地铁交流传动列车技术设计中建议列车起、制动的平均加速度为 1m/s²，城市轨道交通的站距在市内一般为 0.8k~1km，在市外一般不超过 2.5km，平均为 1k~1.5km，列车在两车站之间的运营时间为 2~3 分钟，最短的只有 1 分钟。

IGBT 模块的热循环能力（也称功率热循环能力、温度循环能力）是轨道动车可靠应用发生所需考虑的重要问题。IGBT 器件在实际应用中，流过集电极电流的变化将引起功耗变化从而使模块里的各种材料受到不同程度的加热，器件内部的温度将随系统装置工作电流的变化而变化。由于各种材料具有不同的热膨胀系数（CTE），就会产生不同的机械应力。不同的温度变化使得材料之间的连接层受到弯曲应力和剪切应力影响，这种应力循环积累会使封装结构疲劳、切向错位，最终导致完全失效。这种情况称之为热疲劳失效。总的来说，IGBT 模块有两种与功率循环有关的失效机理：①焊接疲劳——由陶瓷衬底与模块基板间焊层温度变化而引起；②连线剥离——由铝连线与 IGBT 或二极管硅片间温度变化而引起。

（1）焊接疲劳的失效机理。IGBT 模块的基板与器件相绝缘，利于用户安装和安全使用。模块里的绝缘层是一种金属氧化物陶瓷衬底。模块铜基板上敷一层 $Al_2O_3$ 陶瓷衬底，构成熔和体。当基板与衬底间的焊接层发生热疲劳时，两种材料间的热膨胀系数失配可达 10ppm/K（ppm：part per million）。对于高功率、大体积的 IGBT 模块（如 ABB 公司的 E2 型），有 6 块衬底，约为 $55mm^2$。这就意味着 100℃ 温差时的线性膨胀之差可高达 $55\mu m$。这种膨胀转化为应力，使陶瓷弯曲，进而引起焊层蠕变。焊层蠕变后，该区域在衬底和基板间的热接触变差。这种效应一旦开始，又会使接触面上温差进一步增加，从而引起正反馈，加速该区域的热疲劳。

为了改善 IGBT 的热阻，器件制造厂家改用 AlN 衬底替换 $Al_2O_3$ 衬底。应用 AlN 衬底后，却使热循环的情况变得更差。因为采用 AlN—铜结合时，失配增加到 13ppm/K 左右。对于 $55mm^2$ 的衬底，两种材料膨胀差为 $70\mu m$，这会大大加快焊接层疲劳。采用小面积衬底是解决焊接疲劳的一种方法。ABB 公司生产的扁平低电感结构 IGBT，AlN 衬底减小到 $30mm^2$，两种材料之间的膨胀差将维持在 $40\mu m$ 左右。

但面积的减少会在内部连接中产生更大的过热。只有通过改进内部连接材料的 CTE 匹配，才能有效地解决问题。为了采用低热阻的 AlN 衬底，就要设法采用 CTE 与 AlN 材料相匹配的新型基板材料来替换铜基板材料。

采用 AlSiC 基板代替铜基板后，和 $55 mm^2$ 左右的 AlN 衬底相结合，则热膨胀失配减小到仅仅 3.5ppm/K，因而在 100℃ 温差下膨胀差只有 $20\mu m$ 左右。

研究实验对 IGBT 模块的不同基板——铜基板和 AlSiC 基板进行了热循环疲劳试验。在铜基板和 AlSiC 基板上用同一种 AlN 衬底进行 165℃ 温度循环试验。

试验表明，3300V/1200A 的 IGBT 模块用 AlSiC 基板替代传统的 Cu 基板后，当温度差 $\Delta T = 80$℃ 时，热循环能力由 3000 次增加到 15000 次。同时，IGBT 模块的质量也减轻了约 30%。

IGBT 硅芯片和陶瓷衬底之间也有焊接疲劳问题。由于硅芯片与陶瓷衬底之间的焊接面比基板与衬底之间的焊接面要小很多，因此这类焊接疲劳问题比较小。采用 $Al_2O_3$ 衬底时，与硅片的 CTE 失配约为 4ppm/K；而采用衬底时，与硅片的失配仅约为 1ppm/K。这清楚表明，对于相同的硅芯片，衬底采用 AlN 后有明显的改善。

（2）连线剥离的失效机理。热循环另一种主要的失效方式是铝线焊丝的剥离。由于应用了 MOS 技术，所有功率等级的 IGBT 都由许多芯片并联组成。每个芯片表面都喷镀一层很薄的铝膜（大约 $5\mu m$）。芯片由铝线连接，这些铝线用超声波焊接到芯片表面的铝膜上。为了保护连线接头的焊接，模块的塑料盒中常充以硅胶（Silicom Gel）。ＩＧＢＴ和二极管芯片焊在一个直接铜键合（Direct Copper Bonding，DCB）的敷铜底板上。该底板由加有两层铜（每侧一层）的 $Al_2O_3$ 或 AlN 的陶瓷层（它作为内部绝缘）组成，铜层焊在铜或 AlSiC 的基板上。

如图 1-5 所示，是广州地铁 4 号线牵引逆变器所用 3300V/1200A 的 I G B T 模块内部的铝线连接情况。这是一个模块里集成一个桥臂的 1200V/300A 的 IGBT 封装结构。从图中可以看出，图中的芯片分为上下两组，两组芯片分别对应桥臂的上下两个 IGBT 开关。每一组芯片中有四个大芯片和四个小芯片。大芯片为 1200V/75A 的 IGBT 芯片，小芯片为 1200V/75A 的快速恢复二极管。IGBT 和二极管之间通过铝线用超声波焊接反并联在一起。

**图 1-5　3300V/1200A 的 IGBT 模块及内部铝线连接图**

IGBT 模块中铝焊线的剥离将引起 IGBT 器件的失效。硅片与铝线焊丝之间 CTE 相差 18ppmm/K。虽然 IGBT 模块里填充了一种透明的硅胶用以保护芯片的铝连线，但 IGBT 失效后铝连线的剥离仍相当严重。在对 8K 电力机车上 IGBT 辅助逆变器因各种不同原因损坏的 IGBT 器件进行解剖中发现，每个损坏的 IGBT 模块都存在铝线剥离现象。该现象再一次表明热膨胀系数（CTE）之间的匹配非常重要。一些研究资料对 IGBT 模块的铝线剥离造成的器件损坏进行了分析和预测。预测表明，IGBT 模块因铝线剥离造成的器件损坏周期为 3~16 年。

为了解决硅片与铝线焊丝之间 CTE 相差 $(18 \sim 21) \times 10^{-6}/K$ 的问题，ABB 公司开发了特殊的钼片，并将铝层焊在它上面。用这种方法，CTE 失配从硅对铝的 $18 \times 10^{-6}/K$ 下降到硅对钼的 $2.5 \times 10^{-6}/K$，而铝焊丝与钼之间几乎无失配。IGBT 加了特殊钼片的铝线连接如图 1-6 所示。热膨胀引起的应力只存在于硅芯片、钼和铝之间的交界面上，因而显著减小了焊层上的应力。

**图1-6 IGBT加了钼片的铝线连接图**

## （二）牵引逆变器的电磁兼容结构

电力电子电路的一个基本特征就是开关的开通和关断，从而使得电路在两个或几个不同的电路结构之间切换工作。开关的通断，就意味着电路中存在电压和电流的变化率。电压和电流的变化率就是电磁干扰的本质。因此电力电子技术的一大任务就是要解决好电磁兼容（Electro Magnetic Compatibility，简称EMC）问题。电能变换装置的电磁干扰分为三类：①外部干扰源对装置的干扰（incoming）；②装置产生的干扰源对系统外部（out-going）的干扰；③装置内部（internal）的相互干扰。

第①类和第②类的干扰通常采用滤波的办法解决，第③类干扰的解决途径分主电路EMC设计和控制电路EMC设计两个方面来介绍。

### 1. 牵引逆变器主电路EMC设计

IGBT器件在工作中，必须保证开关过程中电流$I_{CE}$和电压$V_{CE}$的动态曲线在安全工作区内，也即开关过电压必须限制在可接受的范围内。我们知道，IGBT的电流变化率和电压变化率可以受栅极驱动电阻控制。因此，简单的方法是通过IGBT栅极驱动电阻RG的选择来减小电流上升率$di/dt$，但这样做也减小了$dv/dt$，从而增加了IGBT的开通、关断时间以及开关损耗。在一定的驱动条件下，$di/dt$与直流侧电压、负载电流、IGBT器件的管芯温度有关，其典型值区间为$3\sim6kA/\mu s$；IGBT短路时有可能达到$10kA/\mu s$。过电压$\Delta V = L\dfrac{di}{dt}$半。因此，减小过电压的另一个办法就是减少逆变器和IGBT器件的分布电感。常见的逆变器主电路连接母排有四种结构：圆截面双股电缆、圆截面同轴电缆、扁截面并列导电排、扁截面叠层导电排。

图 1-7 是这四种常见母排的单位长度电感值。

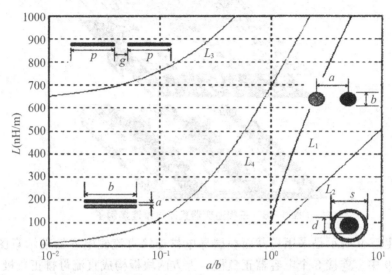

**图 1-7　常见四种导体电母排结构的单位长度电感**

表 1-1 是 IGBT 生产厂家 Mitsubishi Electric 提供的数据，供 IGBT 变流器设计人员参考。按表中的数据要求设计选择主电路导电母排的电感参数、吸收电路的引线电感和电容参数，IGBT 器件工作时开关过程的瞬变尖峰电压能控制在 100V 左右。

**表 1-1　主电路导电母排电感参数、吸收回路阐述与 IGBT 额定电流的关系**

| IGBT 额定电流 $I_c$ | 吸收电路电容 $C_s$ | 主电路直流环节滤波电容与 IGBT 额定电流的关系 $L_1$ | 吸收电路各元器件引线电感 $L_2$ |
| --- | --- | --- | --- |
| 15~75A | >0.2μF | <200nH | <70nH |
| 100~200A | >0.8μF | <100nH | <20nH |
| 300~400A | >1.6μF | <50nH | <10nH |
| 600~1000A | >3.6μF | <50nH | <7nH |

根据以上分析，大容量逆变器中连接导体采用扁截面叠层导电排应当是首选。图 1-8 所示为采用扁截面叠层导电排连接 IGBT 的示意图。在图 1-8 中，连接 IGBT 的上面两块板构成逆变器直流侧正负母排，下面 6 个 IGBT 构成三相逆变器开关。每两个 IGBT 上方的黑色连接条板构成逆变器交流输出引线；6 个 IGBT 下方是散热器。

**图1-8　三相逆变器直流母排连接例子**

图1-9所示是采用扁截面叠层导电排连接直流侧电容器的示意图。在图1-9中，连接8个电容器正负极，上方两块板构成直流母排正负极。

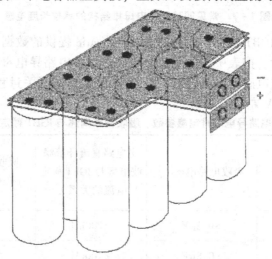

**图1-9　直流母排连接的直流侧电容器**

## 2. 控制电路EMC设计

控制电路的电磁兼容性对直线感应电机牵引变流器的正常工作至关重要，是变流器电磁兼容研究的重要内容。控制与驱动电路工作异常，会引起变流器主系统工作异常，甚至烧毁变流器，从而影响列车的正常运行。电磁干扰从耦合途径来讲可分为五种情况：一是导线传导耦合，二是公共阻抗耦合，三是电感性耦合，四是电容性耦合，五是电磁场耦合。经分析，引起控制与驱动电路工作异常的电磁干扰主要有三个因素：一是通过控制与驱动供电电源输入端引入的导线传导干扰；二是控制与驱动电路的功能实现本身产生的电流变化率通过公共阻抗耦合引起自身部分功能不能正常实现，从而使整个变流器不能正常工作；三是变流器及其控制与驱动电路所处的环境空间电磁干扰强度较大，通过空间电磁场耦合方式引起变流器的控制与驱动电路工作异常。下面介绍解决的一些办法。

电源输入端引入的干扰解决办法，一是在控制与驱动电路电源变换器的输入端设计线路滤波器，二是对开关电源变换器的变压器采取双层屏蔽。线路滤波器采用了双 L 型滤波后，经型号为 ENS—24XA 高频噪声模拟器（High Frequency Noise Simulator）的电磁干扰装置测试，当电源侧注入幅值为 2000V、脉宽为 $50\sim1000$ns、频率为 $30\sim100$Hz 的矩形波高频噪声时，控制电路均能正常工作。

尽量减少控制与驱动电路中的公共阻抗耦合。印刷电路板（PCB）通常在玻璃环氧基板上黏合一层铜箔，铜箔的厚度通常有 $18\mu$m、$35\mu$m、$55\mu$m 和 $70\mu$m 四种，最常用的铜箔厚度是 $35\mu$m。如果 PCB 上铜箔厚度是 $35\mu$m，印制线宽是 1mm，则每 10mm 长的电阻值为 $5$m$\Omega$ 左右，其电感量为 4nH 左右。当 PCB 上数字集成电路芯片工作的 $di/dt$ 为 6mA/ns，工作电流为 30mA 时，用每 10mm 长的印制线所含电阻值和电感值来估算电路各部分所产生的噪声电压分别为 0.15mV 和 24mV。比较这两部分噪声电压可以清楚地看到，印制线电感成分所产生的噪声电压要比电阻成分所产生的噪声电压大几百倍。因此，PCB 线路设计很关键。如为了降低阻抗耦合，双面板 PCB 的电源和地线的布线要尽可能宽；电源线和信号线分开布线、大信号和小信号分开布线；不同信号线之间尽可能垂直布线等。

采取屏蔽手段来减少控制电路的空间电磁场耦合。屏蔽是 EMC 的主要措施之一，在牵引传动系统中同样不可缺少。牵引变流器单元的箱体就起到了屏蔽作用；牵引变流器单元的控制电路单元也需要屏蔽。但屏蔽要根据具体对象来设置，如图 1-10 所示是一种 IGBT 逆变器控制电路板的屏蔽结构。图中的脉冲分配板和驱动板（两块 PCB）安装在支架上，共采用了 3 块屏蔽板。脉冲分配板和驱动板中间的屏蔽板材质采用敷铜板，粘在支架壁板上，铜层厚度为 $35\mu$m；另外两块屏蔽板位于两块 PCB 的外侧，通过螺丝固定在支架上，材质为铁板，厚度为 2mm。值得指出的是，根据美国军标 MIL-STD-285 测试，$36\mu$m 的电解铜箔材料电磁屏蔽效能最佳。因此，该设计中采用的敷铜板屏蔽层虽薄，效果却很好。

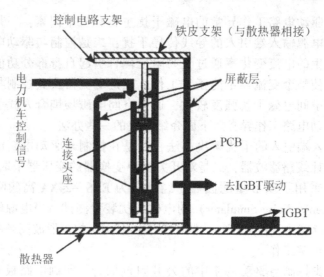

**图 1-10　IGBT 逆变器控制与驱动电路的屏蔽**

## （三）牵引逆变器的散热设计

牵引逆变器在工作时产生的热量主要来自 IGBT 等电力电子开关器件。电力电子开关器件的通态损耗和开关过程损耗都比一般的机械开关金属接触电阻损耗大许多，因此电力电子器件的散热设计很重要。对于一般的电力电子装置来说，除了电力电子开关器件外，其中的磁性组件也工作在高频状态，而高频下的磁性组件是很重要的发热源，所以电感和变压器的散热设计也很关键。地铁所用的牵引逆变器单元中不含专门设计的电感或变压器等磁性元组件，所以这里仅考虑开关器件 IGBT 的散热问题。

IGBT 与其他电力半导体器件一样，在工作时也消耗部分电能，以热量的形式散失掉。正常工作情况下，IGBT 的主要发热部位在半导体芯片内部。消耗的热量通过器件模块内的各种材料传导转移到散热器上，然后经传导、对流和辐射等多种传热形式散发到大气或别的吸热媒质。

图 1-11 所示是采用 ANSYS 有限元分析软件对 IGBT 模块工作时芯片内部的发热分布情况的仿真结果。从图 1-11 中看出，芯片中心的颜色较深，表明温度较高。

根据器件发热的功率损耗 $P_d$ 和热量散发的温度差 $\triangle T$，可以给出热阻 $R_\theta$ 的定义：

$$R_\theta = \frac{\triangle T}{P_d} = \frac{T_j - T_a}{P_d} \qquad (1-1)$$

其中，$T_j$ 是芯片的温度；$T_a$ 是大气的温度。

**图 1 - 11　IGBT 模块热分布的 ANSYS 仿真结果**

IGBT 等半导体器件模块安装在散热器上能减少热阻。式（1-1）是 IGBT 模块及散热器所对应的热阻关系。在式（1-2）中 $R_{\theta(j-c)}$ 是器件芯片到外壳基板的热阻，$R_{\theta(C-a)}$ 是外壳到大气的热阻，$R_{\theta(C-S)}$ 是器件模块外壳到散热器的热阻，$R_{\theta(S-a)}$ 是散热器到大气的热阻。图中的总热阻为

$$R_\theta = R_{\theta(j-c)} + R_{\theta(C-a)}/(R_{\theta(C-S)} + R_{\theta(S-a)}) \qquad (1-2)$$

众所周知，散热器的热阻 $R_{\theta(C-S)} + R_{\theta(S-a)}$ 可根据散热条件、介质而变化，且与模块外壳的热阻 $R_{\theta(C-a)}$ 相比要小得多。散热器热阻 $R_{\theta(C-S)} + R_{\theta(S-a)}$ 与管外壳的热阻 $R_{\theta(C-a)}$ 并联后能大大降低热阻。

常见的散热器有四种类型，分别是自冷式散热器、强迫风冷式散热器、液冷式散热器和相变式散热器。

（1）自冷式散热器。自冷式散热器的散热方式主要靠空气的自然对流来进行热交换散热，部分是由辐射进行散热。自冷式散热器的对流换热系数为（6～13）×4.18×10³J/（h·m²·K），常用于额定电流小于20A的器件或简单装置中的大电流器件。为了达到更好的对流散热效果，绝大多数采用开放式齿片的散热器同时在应用时，往往把散热器的片朝上放置。由于黑颜色辐射效果好，因此在自冷式散热器中，为了增强散热效果，大多采用黑色氧化的散热器。

（2）强迫风冷式散热器。采用风机等增强空气对流速度能增强散热效果。强迫风冷的对流换热系数为（35～62）×4.18×10³J/（h·m²·K），是自冷式散热器效率的2～4倍，常用于额定电流在50～500A的器件中。强迫风冷散热时，若采用开放式齿片的散热器，由于风道不封闭，为了增强散热效果，则往往齿片风道朝上放置，风机的气流流向从下往上；若采用闭合式齿片，由于风道封闭，气流不会流失，则齿片风道朝上或置于水平方

向均可。

（3）液冷式散热器。液冷式散热器的冷却介质是水或耐电晕绝缘油脂。它的对流换热系数为2000×4.18×10³J/（h·m²·K），是自冷式散热器效率的150~300倍，常用于额定电流在500A以上的器件中。液态冷却介质中，水具有最佳的效果。采用水作为冷却介质，由于水含有杂质极易导电，所以它只能用于表面不带电场合。另外，用水作为冷却介质时，还需要解决好水的去离子化以增强绝缘强度以及水的凝露问题以增强散热效果。

（4）相变式散热器。相变式散热器是利用物体的液相和气相之间变化需要吸收和释放大量热量的原理制成。目前主要有沸腾式散热器和热管式散热器两种。沸腾式散热器的对流换热系数为（3000~7000）×4.18×10³J/（h·m²·K），其等效导热率相当于同几何尺寸实心铜导热率的380倍。而热管散热器是一种新型高效的传热组件，因它利用了沸腾吸热和凝结放热两种最强烈的传热机理，因而表现出优异的传热特性。它的传热效率高和沿轴向的等温性好，其散热效率要比同质量的铜散热器大2~3个数量级。

对于不同的直线感应电机车辆，其牵引逆变器的冷却装置各不相同。比如，庞巴迪公司生产的MKⅡ型车辆，其逆变器冷却方式采用的是强迫风冷；而日本东京大江户线以及大阪长崛鹤见绿地线直线感应电机车辆逆变器所采用的冷却方式是热管冷却。究竟采用哪种冷却装置，主要还是取决于逆变器自身的要求，因此要根据逆变器的具体要求来选择合适的冷却方式。

## （四）牵引逆变器的特点

在传统轮轨牵引中，由于电机效率和功率因数都比较高，与电机匹配的逆变器容量相对较小，但是由于LIM的效率和功率因数都较低，所以需要匹配的逆变器容量就要大得多。表1-2是有关LIM线路的电机与逆变器容量的匹配数据，其中INV指牵引逆变器，LIM指直线感应电机。

表1-2　LIM线路电机与逆变器容量的对应

| 线　　路 | 逆变量容量（kVA） | 电机容量（kW） | 容量比（LIM/INV） |
|---|---|---|---|
| 北京首都机场线 | IGBT－INV　/ | 120×2 | / |
| 广州地铁4号线 | IGBT－INV　540 | 155×2 | 0.574 |
| 大阪长崛鹤见绿地线 | GTO－INV　420 | 100×2 | 0.475 |
| 东京大江户线 | IGBT－INV　580 | 120×2 | 0.413 |
| 神户海岸线 | GBT－INV | 135×2 | / |
| 福冈七隈线 | IGBT—INV　1250 | 120×2×2 | 0.481 |
| 庞巴迪MKⅠ | GTO—INV　280 | 120 | 0.428 |

由表 1 - 2 可知，广州地铁 4 号线 LIM/INV 是最大的，达到了 0.574。但总体上讲，对于直线感应电机牵引传动系统，电机与逆变器容量之比大致在 0.4~0.6 之间；而传统轮轨系统（RIM）的电机容量比一般在 0.70~0.79 之间。这说明 LIM 的功率因数和效率都要比传统 RIM 低得多。

因此，从表 1 - 2 的比较数据可以看出，与传统 RIM 牵引逆变器相比，LIM 牵引逆变器容量要增加 1.5~1.9 倍。另外，从经济性和可靠性角度考虑，直线感应电机的牵引传动方式倾向于一个牵引逆变器驱动两个 LIM 电机的方式，即 1C2M 的架控方式。

## 二、牵引电机

牵引电机是牵引逆变器的输出负载，采用的是短初级直线感应电机。

### （一）牵引电机的结构

牵引电机的定子安装在转向架上，习惯称直线感应电机 LIM（Linear Induction Motor）；转子是感应板，有些场合简称 RP（Reaction Plate），安装在轨道中间。广州地铁 4 号线的牵引电机为三相 8 极的直线感应电机。电机 LIM 采用自然风冷的冷却方式，额定持续功率 120kW，小时功率为 155kW。直线感应电机的结构外形如图 1 - 12 所示。

图 1 - 12　LIM 的实物外形图

1. LIM 结构的机械要求

LIM 将承受包括列车、乘客、轨道重量造成的惯性力，电机内部不同的热膨胀力以及和感应板之间的吸引力等多种机械力。电机绝缘所需的材料，必须能够承受各种运行环境下内部或外部的机械应力和电磁应力作用的要求。这种经过实践检验的绝缘系统能够抵抗这些力，并且能够符合最高 2300V 应用下的绝缘要求。LIM 应该符合冲动和震动参数要求如下：纵向

±6g,1.6×10$^7$周期；横向±6g，5.8×10$^7$周期；垂向±15g，5.8×10$^7$周期。

## 2. 直线感应电机结构的绝缘要求

除了前面提到的绝缘材料应符合最高 2300V AC 的交流绝缘要求外，该绝缘系统的额定等级为 H 级，额定温度为 180℃。在额定温度范围内的设计使用寿命为 30 年。为适应牵引环境，对电机的绝缘表面还要进一步处理，将已经绕制完成的 LIM 浸入液态橡胶，液态橡胶将浸入电机的各缝隙及黏附在绝缘层表面，然后对浸过液态橡胶的电机进行烘烤加工。烘烤后，多余的橡胶将脱落，余下的橡胶烧烤在绝缘表面上作为一个橡胶涂层。电气绝缘表面的上方为新形成的橡胶层。这种专门为该工程应用设计的橡胶涂层具有极佳的黏附性、非常强的抗磨损性以及较高的导热性。这种被称为 EP2 的橡胶涂层增强了电动机的抗湿性能，并且不会影响电动机的散热。自 1993 年以来该材料一直在 LIM 工艺中使用，并且非常成功地解决了 LIM 对环境的适应能力。

LIM 的空气气隙对于列车的性能和安全都十分重要，所以在广州地铁的部分列车上装有监测该间隙的传感器，这样就可以在列车运行的过程中监测线路的气隙是否存在异常情况。当异常情况出现时，该传感器就会将相应的报警信号传给列车的监控系统，并在列车的显示屏上显示。另外，在列车每天都经过的车辆段轨道（如出入段线、洗车线等）装有位置传感器，检查电机的位置是否正常。这些设备都是为直线感应电机车辆而专门增加的，它们的存在有效地保证了列车与次级感应板位置在正常范围之内。广州地铁 4 号线直线感应电机的基本参数，见表 1-3。

### 表 1-3  广州地铁 4 号线直线感应电机基本参数

| 直线感应电机初级 | | | |
|---|---|---|---|
| 极数 | 8 极 | 电流持续定额 | 161A |
| 冷却方式 | 自然冷却 | 电流小时定额 | 210A |
| 安装方式 | 转向架固定形式 | 频率 | 22Hz |
| 气隙 | 静 10mm，动 9mm | 同步速度 | 44.6km/h |
| 最大垂向力的最小气隙计算值 | 3.6mm | 绝缘等级 | 200 |
| 输出功率持续定额 | 120kW | 线圈温升极限 | 200（K） |
| 输出功率小时定额 | 155kW | 质量 | 1500kg |
| 电压 | 1100V | 振动条件 | 垂直±10g，侧向±5g，纵向±2.5g |

| 次级感应板 | | | |
|---|---|---|---|
| 铁芯与导电板宽度 | 360mm | 铁芯厚度 | 18mm |
| LIM 与 RP 气隙 | 9mm | 铝导电板 | 8mm |

## （二）牵引电机的冷却

目前，应用于城市轨道交通领域的直线感应电机主要分为两种：一种是以日本为代表的，采用自然冷却方式的直线感应电机；一种是以加拿大庞巴迪为代表的，采用强迫风冷的直线感应电机。

对于自然冷却的电机，从目前的技术来看，其小时功率达到 150kW 左右已经接近极限，质量约为 1500kg。如果再增加功率，其重量将急剧上升。对于庞巴迪公司采用的强迫风冷直线电机，小时功率达到 184kW，质量仅为 680kg。如果通风散热系统设计得好，维护量也很小。

以庞巴迪设计的北京首都机场线为例。庞巴迪公司直线感应电机风机首选的安装位置位于 LIM 的顶部。如果转向架设计没有留下足够的安装空间，也可以考虑其他的安装位置。为了能够确定冷却风机合适的安装位置，需要有关列车以及 LIM 安装箱的限界，以及列车在各个转向位置上的冷却风机间隙。冷却风机应该配备热敏装置以便检测风机故障，常用的是Klixon，并且带有一根单独的导线，以便于自动列车控制系统监视风机的状态。冷却风机包含预润滑的滚珠轴承，预计冷却风机要求每 5 年作为润滑的平均寿命更换一次滚珠轴承。供给风机的电源是辅助电源系统提供的，要求的电源质量为：AC380V（±5%），三相 50Hz（±1%），相位不平衡应低于 1%，总谐波畸变率不高于 5%。预计每台冷却风机在 AC380V/50Hz 情况下电流为 4A。风机应能承受的抗冲击和抗振动指标与电机 LIM 要求一样。冷却风机的设计使用寿命应为 30 年，在此期间不会出现性能下降的问题。

随着城市轨道交通的发展，对直线感应电机的要求也越来越高，既要有足够大的功率，以满足不断增长的运载量要求，同时又得保证电机本身的重量和体积不能过大。大功率强迫风冷直线电机将能很好地满足这些要求。广州地铁与国内有关单位共同自主开发的大功率强迫风冷直线电机功率高达 184kW，质量 950kg。

## （三）牵引电机故障分析

在日本，曾发生过由于轨道里边的异物造成直线感应电机损坏的事故。

所以基于安全考虑，广州4号线列车试运营期间的直线感应电机气隙并没有调整到设计值9mm，而是调整到12mm。但在列车运营初期，电机底部还是出现了几次被硬物刮伤的划痕。这种划痕主要是由于没将轨道里边的铁屑清理干净造成的。这说明牵引电机的工作环境总是比较恶劣的，电机在运行过程中难免出现故障。

在分析电机某个故障时，应提交一份故障分析报告，说明导致故障的根本原因，以便采取修理或改进措施。图1-13所示是牵引电机的故障分析树，它列出了牵引电机可能出现的四个方面的故障及其可能的原因分析。

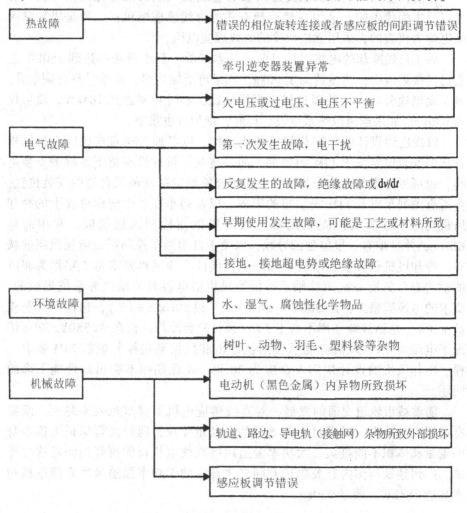

图1-13 牵引电机的故障分析树

## 三、牵引控制系统

牵引控制系统，广义上讲包括构成牵引传动功能的所有部件单元，主要的单元有牵引逆变器、牵引电机、直流过压保护单元、实施牵引控制策略的软硬件电路单元、隔离保护部件等；从狭义上说，可以仅指实施牵引传动的控制电路软硬件电路单元。

### （一）牵引控制系统主电路

如图1-14所示是广州地铁4号线列车的牵引控制系统主电路。在图1-14中，Ms为主隔离开关；DCHS1，2为放电开关；HB为高速断路器；CHB1，2为充电接触器；LB1，2为线路接触器；CHR1，2为充电电阻；DCHR1，2为放电电阻；OVCR FR1，2为过压保护电阻；FL1，2为滤波电抗器；FC1，2为滤波电容器；OVCRF1，2为过压保护晶闸管；DCCT1，2为差动电流传感器；CTS1，2为输入电流传感器；DCPT11，21为线电压传感器；DCPT12，22为滤波电容电压传感器；CE1，2为电容；CTU1，2/CTV1，2为逆变器输出电流传感器；LIM为直线感应电机。

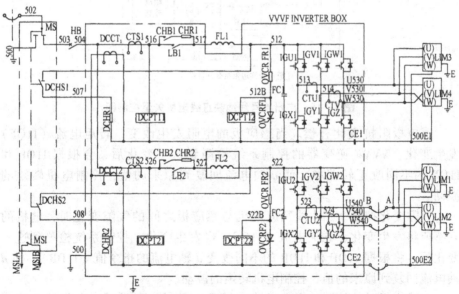

**图1-14　广州地铁4号线牵引控制系统主电路图**

### （二）牵引控制策略与控制电路

广州地铁4号线车辆的直线感应电机采用矢量控制方式，如图1-15所示。在图 1 - 15 中，Efc 为滤波电容器电压；E1DFF 为定子 *d* 轴的前馈电压；E1QFF 为定子 *q* 轴的前馈电压；I1DR 为定子电流的 *d* 轴分量指令；I1QR 为定子电流的 *q* 轴分量指令；I1DF 为定子电流的 *d* 轴分量；I1QF 为定子电流的 *q* 轴分量；FINV 为逆变器输出频率；FS 为转差率；FM 为电机频率；TR 为电机转矩指令；F2R 为转子磁链幅值。

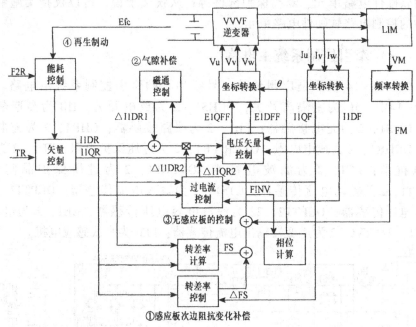

**图 1 - 15 广州 4 号线地铁直线电机矢量控制图**

感应板阻抗变化补偿。当感应板的电阻发生改变，转矩电流（I1QF）发生变化，VVVF 逆变器的控制系统检测到这一变化后，会根据 I1QF 和 I1QR 的不同改正转差率，使 *q* 轴电流回复到原来的值，控制电机转矩的波动。

气隙变化控制。当直线感应电机与感应板之间的气隙变化时，电机的互感值将发生变化，磁通电流（I1DF）也发生变化。控制系统检测到这一变化后，将根据 I1DF 和 I1DR 的不同改变 *d* 轴电流的指令值（I1DR），使 *d* 轴电流回复到原来的值，控制电机转矩的波动。

无感应板时的控制。当次级感应板不连贯时，直线感应电机的互感值将减少，电机电流大大增加，当电机电流超过 VVVF 逆变器的设定值时，传动控制系统将降低 *d* 轴电流 I1DF 和 *q* 轴电流 I1QF 的指令值，防止逆变器和电机过流。

　　广州地铁 4 号线的牵引控制单元（Traction Control Unit，TCU）电路采用 32 位微机控制。TCU 有一专门的标准通信接口（例如 RS485 接口）与车辆总线相连，在 TCU 发生故障时（如电源短路等），不会影响车辆总线其他用户的正常工作，其通信接口符合国际标准 ISO3309/4335。

　　控制电路以 32 位定点数字信号处理器 TMS320F2812 为主控芯片，完成电流环、速度环、位置环及各类补偿算法的实现。控制系统使用事件管理器来控制逆变器，通过正交编码脉冲电路（QEP）接口检测直线感应电机的速度，通过 A/D 单元检测电流信号，接口模块完成信号的采集及通信，并将其变换成适合控制器运算的数据格式。控制电路结构如图 1−16 所示。

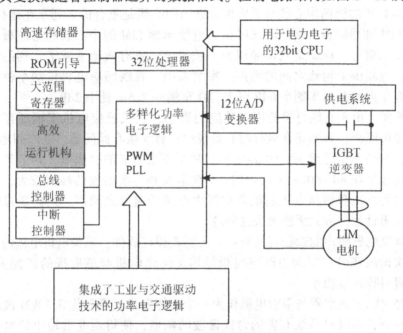

**图 1−16　牵引控制系统的控制电路结构**

　　将速度检测模块中速度传感器的脉冲信号 A、B 输入给 TMS320F2812 的正交编码电路（QEP），QEP 电路的方向检测逻辑确定哪路脉冲序列相位超前，哪路滞后，然后产生一个方向信号作为通用定时器 2（或 4）的方向输入，定时器根据相位超前（或滞后）进行递增（或递减）计数，通过相应的计算公式，得到直线感应电机的转动频率等参数。

　　电流检测模块采用 2 个 LEM 电流传感器模块分别检测牵引逆变器输出的交流电流，通过信号调理电路将电流信号转化为适合 TMS320F2812A/D 变换模块的电压信号，经过数字滤波和定标处理，为矢量控制提供电流反馈信号。

最后控制电路将矢量控制策略通过 PWM 波的形式发送给牵引逆变器的驱动电路从而驱动逆变器 IGBT 开关。PWM 波以电压空间矢量（SVPWM）的形式实现。具体实现如下：由 TMS320F2812 的事件管理器（EV）模块产生 SVPWM 波，而后通过 EV 模块中 3 个比较单元产生 6 路 PWM 控制信号，再经过驱动电路控制 IGBT 开关的导通和关断。

## （三）牵引系统电磁噪声控制

由于直线感应电机牵引车辆的车轮仅起支撑和导向作用，减小了机械噪声。另外，在车辆和线路设计时，车辆静态停放在轨道上时，牵引电机初级即 LIM 的纵向中心线与感应板的纵向中心线是重合的。列车在运行时，由于 LIM 和感应板之间的电磁吸引力迫使车辆 LIM 的中心线和感应板的中心线动态重合。这就是磁迫导现象。磁迫导现象有效地衰减了车辆的蛇形运动，也减少了轮轨之间的噪声。实测表明，直线感应电机传动车辆的噪声在客车内比普通车辆小 6dB 以上，在车辆外 7.5m 处小 2dB。

然而，由于直线电机的边端效应的影响，直线感应电机车辆还存在异常的电磁噪声。日本正在运行的 6 条线中，有 5 条有此问题。在广州地铁 4 号线，当列车运行至 30~60km/h 时，列车发出明显的"嗡嗡"声。经过测试发现速度在 40~60km/h 之间时，5 次谐波和 7 次谐波的峰值较大，产生高能量的电磁激振从电机初级向空气中直接传递电磁噪声，因此通过改变电机的柔性悬挂方式无法解决此问题。

解决电磁噪声的途径有两条：一为更改控制软件，减少电机电流的 5 次及 7 次谐波成分；二为更改感应板结构，优化电机与感应板的匹配关系，但后者可操作性很小。

将 VVVF 逆变器与牵引电机作为一个整体考虑。通过优化 PWM 波形的开关时刻，削减对系统有害的奇次谐波的幅值，使得逆变器输出的电压波形更接近正弦波，可以改善整个变频调速系统的工作性能。还可采用频谱扩散调制控制，通过使 IGBT 开关频率谐波频谱随机变化，可以分散高次谐波的分布，降低峰值某次谐波的幅值，达到降低噪声的效果。

广州地铁 4 号线牵引控制系统 PWM 调制方案原设计从三分频向方波切换调制后，电磁噪声十分明显。因此，同步调制时电机电流中所含高次谐波成分所带来的力矩脉动对噪声有影响。通过修改优化控制软件后，4 号线车辆的电磁噪声消除，5、7 次谐波的幅值比原来的降低了一半以上，而在 35km/h 以上速度区内电机电压降低了 5%，推力降低约 3%。在平直轨道 AW2 载荷条件下，启动加速特性几乎没有变化。所以这种改进方式是合理的。

## 四、辅助系统

地铁列车辅助系统至少包括：①DC/AC 辅助逆变器；②AC/DC 蓄电池充电机；③蓄电池；④其他功能部件，如隔离接地开关、继电器、接触器、电抗器、电阻和二极管等。

辅助系统应通过车辆总线与列车中央控制单元 CCU 相连，将故障信息传送给 CCU。

### （一）静止逆变器系统

静止逆变器（SIV）系统通常由辅助逆变器和充电机组成。地铁车辆一般用直流电网供电，广州地铁 4 号线辅助逆变器采用 DC1500V 供电，是由三菱电机株式会社设计开发的，采用了新一代载流子蓄积层沟槽形 IGBT，具有高度模块化的单元结构。其中静止逆变器一般由直流滤波电路、电容器充放电电路、三相逆变器、交流滤波电路、电机电路和相关控制电路构成。SIV 的单台额定容量一般在几十至二百多 kVA 之间，属于中小功率变流器。

辅助逆变器通常需要满足以下基本要求：

（1）输出电压为三相四线制，输出的电压和频率要满足规定的精度要求。

（2）在一定的输入电压变化范围内，要有恒定输出额定容量的工作能力。对应 DC750V 电网，电压变化范围为 DC500~900V（或 DC1000V）；对应 DC1500V 电网，电压变化范围为 DC1000~1800V（或 DC2000V），SIV 的输出电压与频率要能满足额定负载容量的正常工作要求。

（3）输出电压为正弦波或准正弦波。在整个输入电压范围内，SIV 输出电压的总谐波含量（THD）要小于规定值（一般为10%）。

（4）负载突变能力。具备允许空调压缩机、通风机、空压机等负载直接启动和切除的能力，并且输出电压的瞬时变化不能超过规定值，同时还要在规定的时间内恢复稳定，以满足在带有部分负载的情况下仍能让空调机、通风机、空压机等频繁地投入和切除。

（5）电压突变能力与电压瞬时中断能力。SIV 在输入电压突升或突降时应能正常工作，因车辆过断电区而引起输入电压瞬时中断时，SIV 仍能继续正常工作。

（6）一定的冗余度。一台 SIV 故障时，在切除部分负载的情况下，正常工作的 SIV 可以同时向所有负载供电。

（7）电磁兼容性。SIV 在各种负载条件下产生的电磁干扰（EMI）不能干扰列车其他设备的正常运行，SIV 的干扰电流不能超过允许的 EMI 限制值。

例如，广州地铁 4 号线列车辅助供电系统，每列列车有两个 DC/AC 逆变器和两个 AC/DC 充电机。但所采用方案应满足下列条件：①辅助系统的容量应满足列车正常运行状态下的要求（包括空调、冷却系统、照明系统、信息系统和空气压缩机等）；②应考虑有一定的冗余度；③应考虑在故障状态下（如一台 DC/AC 逆变器或一台蓄电池 AC/DC 充电机故障），能保证列车的基本运行功能。

该静止逆变器系统的特点如下：冷却方法为自然通风冷却；逆变电路采用独 PWM 控制、三相独立控制和瞬态电压控制；控制电路有故障数据记录功能，故障数据即储存的故障波形与故障识别数据，故障数据可下载；采用混合电路控制插件。系统低噪声、高效率、维护简单、可靠性高。

该系统的主要技术参数如下：

· 额定电压——输出 1 路 AC 380×（1±5%）V；输出 2 路 DC110×（1±5%）V

· 相制——相四线制

· 额定频率——50Hz

· 容量——输出 1 路 130kW；输出 2 路 10kW

· 输出电压谐波含量——9%RMS

· 功率因数——0.85（滞后）

· 效率——输出 1 路>92%；输出 2 路>85%

· 输出电压不平衡度（输出 1 路）——<1%

· 输出电压波形（输出 1 路）——准正弦

· 可调节能力（输出 2 路）——<1.0V（50%负载时）

· 适应环境温度———5~40℃

· 湿度——65%~100%（无凝露），平均为79%，相对湿度>97%

· 噪声——额定输入及额定负载时，距离装置箱体 1m 处，<65dB（A）

· 防护等级——箱体，IPX5（IEC 529—1989）；内部设备，IP00（IEC 529—1989）

· 试验规范——IEC61287，EMC/EMI EN50121—3—1，EN50121—3—2（2000）

· 振动规范——IEC61287

目前地铁上的主流辅助逆变器主要有两种结构：一种是采用了将 DC－AC 和 DC－DC 模块分开的分散式供电系统，每个单元车各有一台 DC－AC，每节车有一台 DC－DC，两个模块互相独立，互不干扰；另一种采用集中供电系统，取消 DC - DC 模块，直接用 AC - DC 模块将 AC380V 电压整流成 DC110V。广州地铁 4 号线采用集中供电系统。所以，每列车上静止逆变器系统包括了将 DC1500V 逆变成 AC380V 的交流模块（即 DC - AC 模块）和将 AC380V 整流成 DC110V 的直流模块（即 AC - DC 模块）。

## （二）辅助系统的一般要求

辅助供电系统能从受电弓、集电靴转换到 DC1500V 直流车间电源，为此应在列车两侧各安一个车间电源插座，两个车间电源插座互相电连锁，即当一个车间电源插座连接后，另一车间电源插座失效，且不能有 DC1500V 高压和 DC110V 低压供电。

为了便于安全检修，辅助供电系统应在高压入口端有隔离接地开关。当辅助系统运行时，隔离接地开关使辅助系统与输入进线相连，当辅助系统检修时，隔离开关使辅助系统与地相连。辅助系统的直流输入线应有熔断器保护。

辅助系统提供一组 AC380V 交流输出和 DC110V 直流输出，其中 DC110V 直流输出应对车体接地。辅助系统外壳表面温度在规定的冷却条件下应不超过 60℃（散热器除外）。能承受 150% 过载，承受过载时间 10s。辅助系统应该具有状态诊断功能，装有专门的通信端口以方便地读取诊断数据，并且可以动态跟踪辅助系统的各种参数（其中温度监控采取模拟量监控），并有相应的地面分析软件。

蓄电池充电机（AC/DC）具有浮充电功能，并可按蓄电池的特性恒流限压浮充电。DC/AC 逆变器和蓄电池充电机（AC/DC）应具有紧急启动的能力。

DC/AC 逆变器应负责以下交流负载：空气压缩机、空调压缩机、冷凝风机、空调通风机、方便插座——220V 交流插座（双插座）和客室正常照明。当一台 DC/AC 逆变器故障时，应能保证列车的基本运行要求，并能保证以下负荷的运行：每辆车的两台空调机组各以半载工作，每列车的一台空气压缩机可以进行必要的自动切换，具体方案根据需要确定。

应设置 110V 的 DC 控制列车线和 110V 的 DC 永久供电列车线。驱动所有 DC110V 直流负载，包括蓄电池充电，输出电压调节在全负载范围（0~100% 直流负载）内为 ±1%。

辅助系统的控制电路必须保证在规定条件下，输出的电压和电流稳定，不出现振荡。辅助系统的输入电压中断时，辅助系统应立即停止工作；当输入电压恢复至适当值后，4s 内辅助系统应自动恢复至正常工作状态。

辅助系统输入电压在 DC1000~2000V 范围内，应能输出额定负载。当辅助系统输入电压低于 DC1000V 时，要立即停止工作。然而，当输入电压回升超过 DC1100V 并持续 3s 时（时间可调），辅助系统应自动启动。在正常条件下，辅助系统应能无故障地承受负载的阶跃变化，保护装置不能动作。辅助系统负载发生±30%最大额定负载变化时，其输出电压瞬时值变化不应超过 15%和－20%，并且在 300ms 时间内，输出电压能够恢复至正常预定值。不论辅助系统是在正常运行还是在启动工况，当其输出端口短路时，均应能被保护并免遭损坏。辅助系统具有输入过压和欠压保护、输出短路保护、输出过流保护、输出过压和欠压保护、输出相位保护和过热保护等，某些保护必须具有自动恢复能力。辅助系统应有绝缘、隔离和瞬态抑制能力，输入和输出应互相隔离，输出对地应绝缘，绝缘标准参考 IEC61287。辅助系统抑制和承受过电压的瞬态能力应符合 IEC61287 的要求。

## （三）通风空调设备

空调、通风及控制部分的设计应具有技术的先进性和功能的可靠性，系统的设计应达到效率最高而能耗最小，应采用专用的仿真模拟软件来进行客室气流组织的模拟计算，以优化系统的空气动力学性能，最大限度地降低噪声（机组和通风系统）。机组的设计要具有可接近性和可维护性，空调机组的设计要能实现预制冷、制冷、正常通风、紧急通风等功能。

在客室里，正常运行时，在送风机作用下，从新风口吸入的新风与从客室来的部分回风混合，再经过滤、冷却后，由风道均匀地送入客室，可避免空气回路出现短路。

在司机室里，与司机室相邻的空调机组将已处理的空气经单独的风道送入司机室（不经客室），送风量分三挡手动开关调节，送风的方向通过可调式风口调节。

列车运行时要能吸入设计要求的新风量，且所有通过空调机组进入客室的新风必须是经过空调机组过滤的。新风进风口设有挡水格栅和滤网，防止雨水、杂物等被带入机组内。新风口处装有过滤网，结构应方便拆卸，设有新风调节装置，可以根据载客量的不同或不同的运行模式来调节新风量。

正常情况下，客室内一部分空气作为回风，回风与新风混合前必须是在客室中被充分循环过的。回风口处应设有回风门，用来调节回风量。整车设计还应保证列车运行时客室内能正常排气，废气必须是经由安装在车顶的排气装置排放的，此外客室内还应设有烟雾探测装置。

在三相 380V、50Hz 交流电源失效时，应急通风系统至少要能满足客室和司机室通风 45min 的要求。当交流电源恢复时，自动转入正常运行模式。

空调机组的运行模式和故障诊断由微处理器或 PLC 控制，微处理器必须是经实践检验的成熟产品，适宜于当地气候环境，并能实现空调系统的自动、手动控制，实现制冷通风和其他辅助功能，比如在线诊断、调整和监控温度设定值等，还能根据环境条件自动调节制冷量大小，同时还能调节客室内的空气湿度。通过网络接口，可实现对空调机组的远程监控和集中管理。

车内应该设置回风温度传感器、湿度传感器和车外温度传感器等。客室内的温度设定值是可调节的，调节范围为 19~26℃，通过列车总线在司机室应能对客室温度进行监测，也可在每节车厢单独调整控制。客室内实际温度的变化允许偏离设定值的最大偏差为±1K。客室内任意两点间沿高度和长度方向的温度差不应大于 3K。新风、回风通过新风口、回风口处的调节装置来进行调节，并能实现在预冷、紧急通风及载客量不同等情况下的风量调节。

通风空调设备主要部件的功能/故障（包括启动、运行过程等）通过微处理器及网络接口来进行诊断、监视和记录。并能提供足够的存储空间用来存储故障的过程及环境参数，以及存储所有控制参数的数据和曲线。空调机组和部件的功能试验和诊断应采用统一的串行（RS232）或 USB 接口。控制单元可以诊断到最小可诊断单元，以便迅速方便地查找故障原因和故障部件。空调控制系统应具有列车网络通信功能，与列车总线控制系统的接口应满足有关列车通信网络（TCN）IEC61375 的标准。

## （四）其他电器

车辆电器除了以上介绍的以外，还有电磁接触器、电磁阀和连接器等。有的接触器是开闭电动车辆主回路电流、检测过电流和事故电流的电磁空气接通式接触器，有的接触器是以电动客车回路的开闭为目的的电磁接触器，有的接触器主要用于控制装置中电容器的充放电。接触器触头一般都使用银合金触点，所以损耗非常少，具有较小的电阻和较长的电气寿命。因为没有灭弧罩，所以主接触部的维护检修和更换非常简单、方便，操纵线圈和辅助接触器的检查和更换也非常容易。

电磁阀采用电磁式空气阀。因为它的电磁线圈的吸引力大，所以即使环境发生变化，电磁阀的动作也会很稳定。电磁线圈采用环氧树脂、整体成型，所以温升小、寿命长，阀体为锌材质的压铸件，体积小、重量轻。

电气回路的连接和切断使用电气连接器，电气连接器由连接器插座、插头构成，插座固定在车体上，采用手动操作很方便地跨接连接器，常见的有 108 芯连接器、母线连接器和 3 芯连接器等，它们的特点简单介绍如下。

（1）108芯连接器。连接器座和连接器头之间的连接采用凸轮和滚子的锁臂方式，连接解开容易，是完全防水的跨接连接器。

（2）母线连接器。连接器座和连接器头的连接采用单接触式球形锁固式，是一种具有完全防水功能的跨接连接器。

（3）3芯连接器。连接器座和连接器插头的连接采用双锁单接触跨接连接器，装拆、连接、打开都很容易，能够完全防水。触头采用多接触式触头，与绝缘台采用夹紧式安装方式。

## 五、保护检测设备

### （一）高速断路器

每一个高速断路器同时给两节车的逆变器提供保护，高速断路器仅用于牵引回路，辅助系统独立于牵引回路。高速断路器的整定值是根据接触网系统的参数，计算牵引回路短路情况时的预期短路电流后得到的，它采用电磁驱动。高速断路器的整定值应与变电所有良好的协调配合关系，它的动作由牵引控制单元（TCU）或机械触发装置触发。

### （二）输入滤波器

每个逆变器系统配备一个线路滤波器。线路滤波器由电抗器和电容器及其他高压器件组成。线路滤波器应与高速断路器的设计协调一致，以保证当线路滤波器突然接地时，不损坏任何设备。

### （三）传感器

电机轴上安装有用于牵引、制动和ATO车载设备的速度传感器。速度传感器的数量和安装位置由车辆供货商进行合理分配，速度传感器的脉冲数量必须满足列车控制的精度要求。速度传感器的脉冲输出数在任何时刻都应与电机轴的转速相对应。在速度传感器的出线端和线束进入车体的进线端，应分别设置水密性接线盒。传感器的信号线应采用屏蔽线。速度传感器的电源输入端应有输入电源极性保护，传感器工作时应有自测试的功能，该功能可由TCU实现。

用于检测和控制的电压、电流传感器采用电压源输出，对输入电源的极性要有保护措施，传感器的信号线应采用屏蔽线，并且传感器工作时应有自测试功能。

# 第二章　直线电机控制技术基础

目前直线电机常用的伺服控制技术，有恒压频比控制（V/F control）、转差频率控制（slip frequency control）、基于磁场定向的矢量控制（vector control）以及直接转矩控制（direct torque control）等。永磁同步电机的控制方案有以下几种：①直接转矩控制；②磁场定向矢量控制，其又包括$i_{sd}=0$控制、最大转矩/电流比控制和弱磁控制；③自适应控制，其又包括自调节控制、模型参考自适应控制、滑模或变结构控制、模糊控制、神经网络控制以及专家系统控制。

## 第一节　直线电机常用控制技术

坐标变换是现代电机控制技术研究的基础，也是直线电机控制技术的基础。因此，在介绍直线电机控制技术之前，需要先介绍坐标变换的相关理论。

### 一、坐标变换

#### （一）坐标变换的基本原理和原则

由电机旋转磁场理论可以知道，当对称的三相正弦电流通过定子三相绕组时，就会合成一个空间矢量磁动势，该矢量以一定的速度在某一空间内旋转。但是，当多相平衡电流通过二相、三相、四相等多相绕组时，会产生相同效果的旋转磁动势，其中产生的旋转磁动势最简单的是二相绕组。当然，单相绕组无法产生旋转磁动势。两相交流绕组的示意图如图 2－1（b）所示，在 $\alpha$ 轴和 $\beta$ 轴中所通的电流相差 90°，也可以产生旋转磁动势，称为 $F'$，若是 $F'$ 和图（a）中的 $F$ 具有相同的大小、方向和旋转速度，那么说明两相合成磁场与三相旋转磁场产生的效果是一样的。为了简单起见，一般选取 $\alpha$ 轴与 $A$ 轴重合，$\beta$ 轴与 $A$ 轴垂直。同理，如果以永磁同步电机动子永磁体的磁链方向为 $d$ 轴，与之垂直的轴为 $q$ 轴，$d$ 轴和 $q$ 轴会随着动子一起旋转，如图 2－1（c）所示。分别将直流电通入 $q$ 轴和 $d$ 轴，会产生一个恒定的磁势，该磁势本身不会旋转，但是该磁势会和动子一起运动，在空间内形成一个旋转磁势，通过对直流电流的大小进行控制，就可使该旋转磁势产生的效果与三相交流电产生的合成磁势的效果一样。

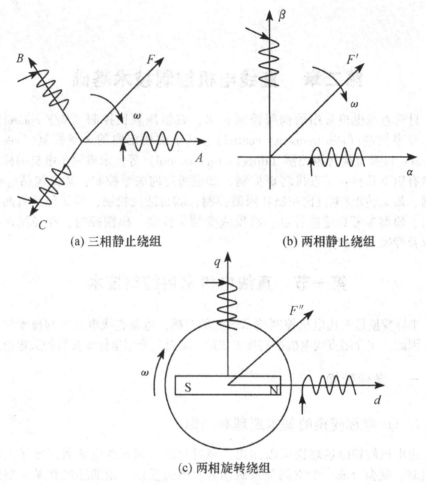

(a) 三相静止绕组　　　　　(b) 两相静止绕组

(c) 两相旋转绕组

图 2-1　电机交流绕组

　　交流电机的物理模型等效地变换成类似直流电机的模型是坐标变换的基本思想，然后再模仿直流电机进行控制。不同电机模型彼此等效的原则有以下两点：一是应该遵循变换前后电流所产生的旋转磁场等效；二是应该遵循变换前后两个系统的功率不变。

　　假设在某坐标系下某电路的电压和电流向量分别为 $u$ 和 $i$，在新坐标系下的电压和电流向量为 $u'$ 和 $i'$。其中

$$u = \begin{bmatrix} u_1 \\ u_2 \\ \vdots \\ u_n \end{bmatrix}, \quad i = \begin{bmatrix} i_1 \\ i_2 \\ \vdots \\ i_n \end{bmatrix}, \quad u' = \begin{bmatrix} u'_1 \\ u'_2 \\ \vdots \\ u'_n \end{bmatrix}, \quad i' = \begin{bmatrix} i'_1 \\ i'_2 \\ \vdots \\ i'_n \end{bmatrix}$$

定义新向量与原向量的变换关系为

$$u = C_u u', \quad i = C_i i' \qquad (2-1)$$

根据不同电机模型彼此等效的原则，变换前后的功率必须相等，所以有

$$P = i^{\mathrm{T}}u = i'^{\mathrm{T}}u' \qquad (2-2)$$

把式 (2-1) 代入式 (2-2) 得

$$i^{\mathrm{T}}u = (C_i i')^{\mathrm{T}} C_u u' = i'^{\mathrm{T}} C_i^{\mathrm{T}} C_u u' = i'^{\mathrm{T}}u \qquad (2-3)$$

所以

$$C_i^{\mathrm{T}} C_u = E \qquad (2-4)$$

在一般情况下，为了使变换矩阵简单好记，把电压电流变换矩阵取为同一矩阵 $C$，则式 (2-4) 变为

$$C^{\mathrm{T}} C = E$$

即

$$C^{-1} = C^{\mathrm{T}} \qquad (2-5)$$

因此，变换矩阵 $C$ 应该是一个正交矩阵。

## (二) 克拉克变换及其逆变换

克拉克变换是将三相平面坐标系 $OABC$ 转换为两相平面直角坐标系 $O\alpha\beta$，克拉克逆变换则是将两相平面直角坐标系 $O\alpha\beta$ 变换为三相平面直角坐标系 $OABC$。

假设三相系统每项绕组匝数为 $N_3$，两相系统每项绕组匝数为 $N_2$，根据矢量坐标变换原则，两个系统的合成磁势应该是完全等效的，也就是说合成磁势矢量分别在两个坐标系坐标轴上的投影应该是等效的。因此有

$$N_2 i_\alpha = N_3 i_A + N_3 i_B \cos(120°) + N_3 i_C \cos(-120°) \qquad (2-6)$$

$$N_2 i_\beta = N_3 i_B \sin(120°) + N_3 i_C \sin(-120°) \qquad (2-7)$$

为了便于求反变换，人为地增加一相零轴磁动势 $N_2 i_0$，设 $K$ 为待定系数，并定义

$$N_2 i_0 = K N_3 (i_A + i_B + i_C) \qquad (2-8)$$

三式合在一起，写成矩阵形式如下：

$$\begin{bmatrix} i_\alpha \\ i_\beta \\ i_0 \end{bmatrix} = \frac{N_3}{N_2} \begin{bmatrix} 1 & -\dfrac{1}{2} & -\dfrac{1}{2} \\ 0 & \dfrac{\sqrt{3}}{2} & -\dfrac{\sqrt{3}}{2} \\ K & K & K \end{bmatrix} \begin{bmatrix} i_A \\ i_B \\ i_C \end{bmatrix} = C_{3/2} \begin{bmatrix} i_A \\ i_B \\ i_C \end{bmatrix} \qquad (2-9)$$

根据式 (2-5) 可得式 (2-10)。

$$C_{3/2}^{-1} = C_{3/2}^{T} = \frac{N_3}{N_2} \begin{bmatrix} 1 & 0 & K \\ \dfrac{1}{2} & \dfrac{\sqrt{3}}{2} & K \\ \dfrac{1}{2} & \dfrac{\sqrt{3}}{2} & K \end{bmatrix} \qquad (2-10)$$

同时应满足 $C_{3/2}C_{3/2}^{T} = E$，于是求得 $\dfrac{N_3}{N_2} = \sqrt{\dfrac{2}{3}}$，$K = \dfrac{1}{\sqrt{2}}$。

这就是满足功率不变约束条件的参数关系，代入式（2-9）中的转化矩阵，即得克拉克变换（或 3/2 变换）式为（2-11）

$$\begin{bmatrix} i_{\alpha} \\ i_{\beta} \\ i_{0} \end{bmatrix} = \sqrt{\frac{2}{3}} \begin{bmatrix} 1 & \dfrac{1}{2} & \dfrac{1}{2} \\ 0 & \dfrac{\sqrt{3}}{2} & \dfrac{\sqrt{3}}{2} \\ \dfrac{1}{\sqrt{2}} & \dfrac{1}{\sqrt{2}} & \dfrac{1}{\sqrt{2}} \end{bmatrix} \begin{bmatrix} i_{A} \\ i_{B} \\ i_{C} \end{bmatrix} \qquad (2-11)$$

克拉克逆变换则为

$$\begin{bmatrix} i_{A} \\ i_{B} \\ i_{C} \end{bmatrix} = \sqrt{\frac{2}{3}} \begin{bmatrix} 1 & 0 & -\dfrac{1}{\sqrt{2}} \\ \dfrac{1}{2} & \dfrac{\sqrt{3}}{2} & \dfrac{1}{\sqrt{2}} \\ \dfrac{1}{2} & \dfrac{\sqrt{3}}{2} & \dfrac{1}{\sqrt{2}} \end{bmatrix} \begin{bmatrix} i_{\alpha} \\ i_{\beta} \\ i_{0} \end{bmatrix} \qquad (2-12)$$

## （三）派克变换及其逆变换

派克(Park)变换是将两相静止坐标系向两相旋转坐标系的转换。图 2-2 为定子电流矢量 $i_s$ 在两相静止坐标系 $O\alpha\beta$ 与两相旋转坐标系 $Odq$ 的投影。

在图 2-2 中，$Odq$ 坐标系是以定子电流角频率 $\omega$ 速度在旋转，$d$ 轴与 $\alpha$ 轴的夹角为 $\theta$，因为 $Odq$ 坐标系是旋转的，所以 $\theta$ 随时间在变化，$\theta = \omega t + \theta_0$，$\theta_0$ 为初始角。由图可以得到 $i_{\alpha}$、$i_{\beta}$ 与 $i_d$、$i_q$ 的关系为

$$\begin{cases} i_{\alpha} = i_d \cos\theta - i_q \sin\theta \\ i_{\beta} = i_d \sin\theta + i_q \cos\theta \end{cases} \qquad (2-13)$$

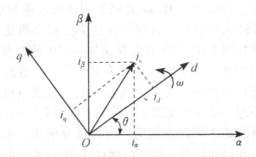

图 2-2　定子电流矢量在 $O\alpha\beta$ 坐标系和 $Odq$ 坐标系上的投影

其矩阵关系式为

$$\begin{bmatrix} i_\alpha \\ i_\beta \end{bmatrix} = \begin{bmatrix} \cos\theta & -\sin\theta \\ \sin\theta & \cos\theta \end{bmatrix} \begin{bmatrix} i_d \\ i_q \end{bmatrix} \tag{2-14}$$

式中，$\begin{bmatrix} \cos\theta & -\sin\theta \\ \sin\theta & \cos\theta \end{bmatrix} = C$ 为两相旋转坐标系到两相静止坐标系的变换矩阵，这是一个正交矩阵。因此，从两相静止坐标系到两相旋转坐标系的变换关系为

$$\begin{bmatrix} i_d \\ i_q \end{bmatrix} = \begin{bmatrix} \cos\theta & \sin\theta \\ -\sin\theta & \cos\theta \end{bmatrix} \begin{bmatrix} i_\alpha \\ i_\beta \end{bmatrix} \tag{2-15}$$

式（2-14）、式（2-15）分别是定子绕组的派克逆变换和派克变换。在永磁同步直线电机中位置角度 $\theta$ 的计算公式为

$$\theta = \frac{x}{\tau}\pi + \theta_0 \tag{2-16}$$

式中，$x$ 为位移传感器检测的位移；$\tau$ 为直线电机的极距；$\theta_0$ 为永磁同步直线电机的初始位置角度。

本节中的克拉克变换和派克变换是以电流变换推导的，事实上克拉克变换和派克变换对电流、电压和磁链均适用。

## 二、直线电机控制技术

### （一）基于 SVPWM 的磁场定向矢量控制原理

交流电机磁场定向控制原理的发展基础是交流电机理论，该原理又称为矢量控制原理。20 世纪初期，在研究交流同步电机过渡过程中，$dq$ 轴双反馈理论由稳态等值电路、矢量图发展而来，交流电动机的动态方程由派克建立，派克同时提出了多相交流电机坐标变换理论。以此为基础，Kron将同步电机、异步电机和直流电机统一起来，形成了一种电机原型，建立了统一的电机理论。1969 年，Hasse 发明了间接法或前馈法；1972 年，Blaschke 发明了直接法或反馈法。这两种方法为交流电机磁场定向理论提供了两种不同的矢量控制方法。"单位矢量是如何产生的"是这两种方法的本质区别。不过他们都是以交流电机理论为出发点，对直流电机的转矩控制原理进行仿效，通过坐标变换将交流电机等效为直流电机，建立了交流电机磁场定向控制原理，从而在交流电机控制方面引起了一场革命。

磁场定向控制的基本原理为利用空间矢量分析法，采用磁场定向将定子电流进行克拉克变换和派克变换，得到在 $dq$ 坐标系下的励磁反馈电流 $i_{sd}$ 和转矩反馈电流 $i_{sq}$，与给定励磁电流 $i_{sdref}$ 和转矩电流 $i_{sqref}$ 进行比较，经过调节器产生给定励磁电压 $u_{sdref}$ 和转矩电压 $u_{sqref}$，再经过派克逆变换输出在 $\alpha\beta$ 坐标系下的电压，用来决定空间矢量的 PWM 波形输出。速度反馈一方面用于与给定速度比较产生 $i_{sqref}$，另一方面进入电流模型决定磁链的位置，并用于派克和派克逆变换。原理图如图 2-3 所示。从图中可以看出，速度的准确测量对整个系统尤为重要。

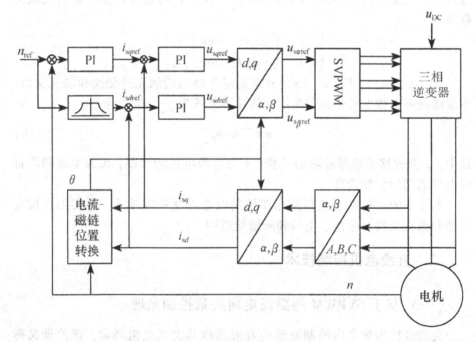

图 2-3　磁场定向矢量控制原理图

## （二）直接转矩控制技术

1986 年，日本学者 Takahashi 和 Noguchi 提出了一种交流电机调速控制原理的先进标量控制技术，该技术与坐标变换矢量控制技术不同，这个技术被称为直接转矩和磁链控制。

直接转矩控制理论又被称为磁场加速法。这个理论可总结为：

（1）定子感应定式的积分是定子磁链 $\varphi_s$，定子电压 $u_s$ 是定子磁链 $\varphi_s$ 的决定因素；电机转矩与定子转子之间夹角的正旋成正比，电机转矩与磁链矢量之间夹角的正旋也成正比；转子磁链对定子电压的反应慢于定子磁链。

（2）选择定子电压空间矢量时，应该遵循以下三点原则：一是与定子磁链矢量 $\psi_s$ 不重合，没超过 $\pm90°$ 的非零电压矢量，使定子磁链 $\varphi_s$ 增加；二是与定子磁链矢量 $\psi_s$ 不重合，超过 $\pm90°$ 的非零电压矢量，使定子磁链 $\varphi_s$ 减少；三是零电压矢量，不影响定子磁链矢量 $\psi_s$，但停止运动。因此，可以通过控制逆变器的状态来控制转矩。

直接转矩控制的特点有以下几个方面：

（1）无位置传感器控制。

（2）传统的 PWM 算法没有被采用。

（3）反馈信号的处理类似于定子磁链方向的矢量控制。

（4）滞环控制会产生磁链与转矩脉动，并且开关频率不是常数。

直接转矩控制摒弃了矢量控制中解耦思想，对于克服矢量变换控制中复杂的计算来说，起到了一定的作用。直接转矩控制的结构比较简单，控制思路也很新颖，因此刚提出就被人们广泛关注。

## 1. 直接转矩控制的理论基础

若忽略阻尼绕组，永磁同步电机的电磁转矩可以表示为

$$M_e = \frac{\varphi_s}{L_d^2\cos^2\delta + L_q^2\sin^2\delta}[L_dL_qi_f\sin\delta - \varphi_s(L_d - L_q)\sin\delta\cos\delta] \quad (2-17)$$

由式（2-17）可以看出，电磁转矩第一项含有定子磁链 $\varphi_s$ 与转子激磁电流 $i_f$，以及定子磁链矢量 $\psi_s$ 与激磁电流 $i_f$ 夹角 $\delta$ 正弦的乘积，可以看出 $\delta$ 角就是同步电机的负载角；第二项是凸极同步电机效应引起的凸极反应转矩。

如果忽略凸极效应，只考虑隐极同步电机的情况。对于隐极同步电机，由于定子 $q$ 轴自感 $L_q$ 和 $d$ 轴自感 $L_d$ 有

$$L_q = L_d \quad (2-18)$$

则式（2-17）可以简化为

$$M_e = \varphi_s i_f \sin\delta \qquad (2-19)$$

由式（2-19）可以看出，直接转矩控制同步电机的转矩模型与定子磁链定向控制同步电机是一样的，在此应该指出，对于交流同步电机来说，转子激磁电流 $i_f$ 是可以调节的。在负载不变时，为了抵消电枢效应，需要对激磁电流 $i_f$ 进行调节，使电机定子电流 $i_s$ 一直与定子电压 $u_s$ 同相位，功率因数为1，也就是说 $\cos\varphi = 1$，即定子电流与磁链矢量正交。由此得到激磁电流表达式为

$$i_f = \frac{M_e}{\varphi_s \sin\delta} = \frac{i_s}{\cos\delta} \qquad (2-20)$$

在永磁同步电机运行过程中，若是可以保持定子磁链不变，永磁同步电机的输出电磁转矩可通过控制 $\delta$ 角而控制。由于转子具有一定的惯性，相比改变转子磁链旋转速度来说，改变定子磁链旋转速度要简单得多。因此，要适当地对逆变器开关状态进行选择。将定子磁链幅值保持恒定，对定子磁链空间矢量进行控制就可以很迅速地改变定子和转子之间的磁链夹角，从而对永磁同步电机的输出电磁转矩进行控制。

目前，间接检测法是定子磁链检测采用较多的方法，即对电极定子电压、定子电流和电机转速进行检测，然后根据电机数学模型，将所需磁链的幅值和相位计算出来，需要将定子磁链给定幅值限制在一定范围内，以便保证电磁转矩和负载角变化一致。对于直接转矩控制理论的研究已经有了很大的进展，但是在实际应用永磁同步电机控制系统技术方面还存在一定的缺陷。目前，将直接转矩控制应用在永磁同步电机中的研究进展比较缓慢，研究多集中在直接转矩控制的复合使用和无传感器方面。

## 2. 直接转矩控制的实现

可以将电压矢量平面划分成6个区域，以达到利用电压矢量控制定子磁链幅值的目的，如图 2-4 所示。为了增加或减小磁链的幅值，可以在每一个区域中选择两个相邻的电压矢量。例如，假设磁链的旋转方向为逆时针方向，且磁链在 $\theta_1$ 区域时，电压矢量 $u_2$ 可以增加磁链幅值，电压矢量 $u_3$ 可以减小磁链幅值，以此类推，便可得到其他区域的变化规律。

把图 2-4 中6个区域里可选择的空间电压矢量制成表 2-1，表中 $\tau$ 表示转矩的控制要求，$\tau=1$ 表示增大转矩，$\tau=-1$ 表示减小转矩，$\tau=0$ 表示转矩保持不变。$\varphi$ 表示磁链的控制要求，$\varphi=1$ 表示增大磁链，$\varphi=0$ 表示减小磁链。零矢量在永磁同步电机的直接转矩控制策略中不具有减小转矩的作用。但是电机在控制过程中，零矢量可以保持转矩基本不变，从而将逆变器的

开关频率降低，使得电机的转矩脉动减小，达到改善电机稳态性能的目的。同步电机直接转矩控制中含有两种开关表；一是含零矢量的开关表，二是不含零矢量的开关表。当低速时，转子转移比较慢，转矩角的变化比较小。因此，不含零矢量的开关表适用于低速情况，含有零矢量的开关表适用于高速情况，以此达到减小转矩脉动的目的。

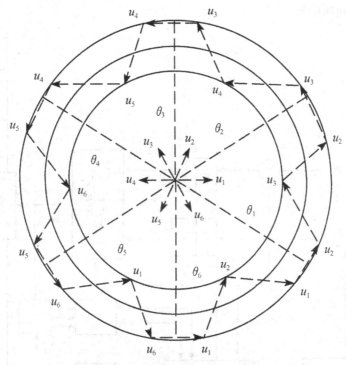

图 2-4　扇区及电压空间矢量选择

表 2-1　空间电压矢量控制表

| $\tau$ | $\varphi$ | $\theta_1$ | $\theta_2$ | $\theta_3$ | $\theta_4$ | $\theta_5$ | $\theta_6$ |
|---|---|---|---|---|---|---|---|
| 1 | 1 | $u_2$ | $u_3$ | $u_4$ | $u_5$ | $u_6$ | $u_1$ |
|  | 0 | $u_3$ | $u_4$ | $u_5$ | $u_6$ | $u_1$ | $u_2$ |
| -1 | 1 | $u_6$ | $u_1$ | $u_2$ | $u_3$ | $u_4$ | $u_5$ |
|  | 0 | $u_5$ | $u_6$ | $u_1$ | $u_2$ | $u_3$ | $u_4$ |
| 0 | 1 | $u_8$ | $u_7$ | $u_8$ | $u_7$ | $u_8$ | $u_7$ |
|  | 0 | $u_7$ | $u_8$ | $u_7$ | $u_8$ | $u_7$ | $u_8$ |

　　直接转矩控制感应电动机驱动系统的简化整体框图，如图 2－5 所示。定子磁链矢量实际幅值与给定值之间有一个差值，转矩实际值与给定值之间有一个差值，分别将这两个差值输入磁链滞环比较器和转矩滞环比较器，根据两个滞环比较器的输出，查询开关电压查询表，选择合适的开关电压矢量。但是，需要在查询之前提供定子磁链矢量的位置信息，图中的 $S$ 表示的是区间顺序号。

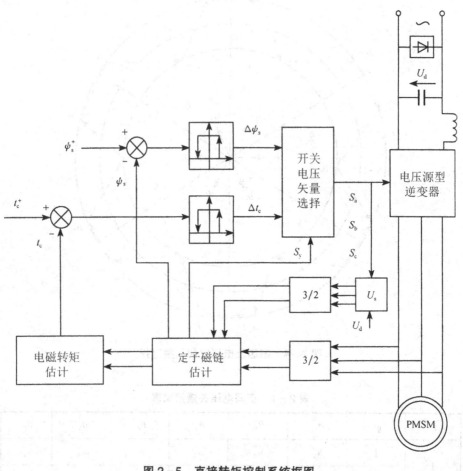

图 2－5　直接转矩控制系统框图

## （三）磁场定向 $i_{sd}=0$ 矢量控制

　　永磁同步电机采用 $dq$ 轴系转子磁链定向控制，使纵轴电流 $i_{sd}=0$，这是最简单的电流矢量控制方法，即 $i_{sd}=0$ 转子磁场定向矢量控制。当 $i_{sd}=0$ 时，从电机端口看，永磁同步电机相当于一台他励直流电机，定子电流中只有横轴分量，且定子磁链空间矢量与永磁体磁链空间矢量正交。

当 $i_{sd}=0$ 时，$\psi_f$ 永磁转子产生的最大磁链，电机电磁转矩与横轴电流分量成王比，即

$$M_e = \psi_f i_{sq} \qquad (2-21)$$

由于定子电流纵轴分量为零，不存在 $d$ 轴电枢反应，因此不产生去磁作用，去磁系数为

$$k = 0 \qquad (2-22)$$

由电机矢量图 2-6 可以看出，内功率因数角 $\varphi = 0$，定子电流 $i_s$ 出现在 $q$ 轴上。定子电压的 $dq$ 轴分量为

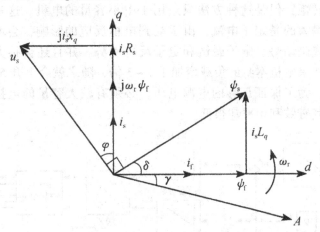

图 2-6　电机矢量图（$i_{sd}=0$）

$$\begin{cases} u_{sd} = -x_q i_s = -\omega_r L_q i_s \\ u_{sq} = e_0 + R_s i_s = \omega_r e \psi_f + R_s i_s \end{cases} \qquad (2-23)$$

定子电压矢量 $u_s$ 的 $dq$ 轴分量可表示为

$$u_s = \sqrt{u_{sd}^2 + u_{sq}^2} = \sqrt{(\omega_r \psi_f + R_s i_s)^2 + (\omega_r L_q i_s)^2} \qquad (2-24)$$

负载角 $\delta$ 为

$$\tan\delta = \frac{L_q i_s}{\psi_f} \qquad (2-25)$$

由图 2-6 可以看出，$i_{sd}=0$ 控制的永磁同步电机功率因数角 $\varphi$ 为

$$\tan\varphi = \frac{u_{sd}}{u_{sq}} = \frac{\omega_r L_q i_s}{\omega_r \psi_f + R_s i_s} \qquad (2-26)$$

在忽略定子电阻 $R_s$ 的条件下，永磁同步电机的功率因数角 $\varphi$ 就等于负载角 $\delta$，即

$$\cos\varphi = \cos\delta \qquad (2-27)$$

由直线电机数学模型知，如果 $i_d = 0$，则导向力仅与 $i_{sqref}$ 成正比，那么通过控制 $i_{sqref}$ 就可以控制导向力。而根据直线电机的动力学方程又知，永磁同步直线电机的速度又可以通过导向力来加以控制。根据这个原理可以构建永磁同步直线电机二闭环速度控制系统，其中，电流环为内环，速度环为外环，采用简单的 PID 控制器构成控制回路，即可对速度进行精确地控制。

$i_d = 0$ 控制方法的优点是电机的输出转矩与定子电流幅值之间成正比，它的性能与直流电机类似，控制起来比较简单，不具有去磁作用，因此该控制方法的应用比较广泛，尤其是在隐极式同步电机控制系统中的应用，原理结构框图如图 2 - 7 所示。虽然这种方法实现简单，而且还有恒定性好的输出电磁转矩，但是这种方法只适用于中小容量的电机。这是因为增加负载，随之增大的是定子电流，由于受到电枢反应的影响，会增加气隙磁链、气隙合成磁动势、定子磁链和定子反电动势，并且还会很大幅度增加定子电压。如果电机本身的负载增加了 2~3 倍，随之就会上升 50%~100% 的电压幅值，为了保证足够的电源电压，必须有较大容量的电控装置和变压器，但是其有效利用率却很低。

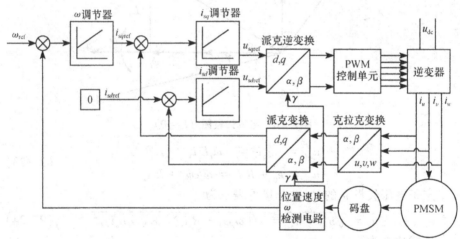

图 2 - 7   $i_d = 0$ 控制原理框图

## （四）功率因数控制

在功率因数控制方法中，永磁同步电机的功率因数恒为 1，即恒功率因数控制，即

$$\cos\varphi = \cos(\varphi - \phi) = 1 \qquad (2-28)$$

由式（2-28）可知，$\delta = \varphi$，此时电机运行矢量如图 2-8 所示。

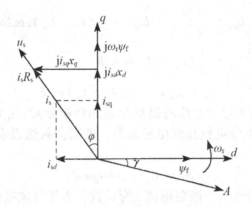

**图 2-8 电机运行矢量图**（$\cos\varphi = 1$）

由图 2-8 可以得到

$$\tan\varphi = \frac{-u_{sd}}{u_{sq}} \qquad (2-29)$$

定子电压矢量 $u_s$ 的 $dq$ 轴分量可表示为

$$\begin{cases} u_{sd} = -x_q i_s = -\omega_r L_q i_{sq} + R_s i_{sd} \\ u_{sq} = e_0 + R_s i_s = \omega_r L_q i_{sd} + \omega_r \psi_f + R_s i_{sq} \end{cases} \qquad (2-30)$$

功率因数角与电磁转矩的关系为

$$M_e = \psi_f i_s \cos\phi + \frac{1}{2}(L_q + L_d) i_s^2 \sin 2\phi \qquad (2-31)$$

根据式（2-30）和式（2-31）求解，可以得到在一定电流和转速下的内功率因数角为

$$\varphi = \arcsin \frac{-e_0 + \sqrt{e_0^2 + 4(x_q - x_d) x_q i_s^2}}{4(x_q - x_d) i_s} \qquad (2-32)$$

把式（2-32）代入式（2-30）和式（2-31），即可得到相应的电磁转矩 $M_e$ 和所需电压 $u_s$。由此可以看出，电磁转矩随电流的逐渐增加而增大。当电流达到一定值 $i_{smax}$ 时，电磁转矩也达到峰值，随着电流的继续加大，电磁转矩开始迅速下降。在实际应用中应折中考虑。

$\cos\varphi = 1$ 控制方法的特点是电机功率因数恒为 1，逆变器的容量得到充分利用，但该方法能够输出的最大转矩较小。

## （五）恒磁链控制

如果永磁同步电机按气隙磁链 $\varphi_\delta$ 定向控制，当电机处于稳态时，忽略阻尼绕组横纵轴电流 $i_{Dd}$ 和 $i_{Dq}$ 时，即 $i_{Dd} = i_{Dq} = 0$，有

$$\begin{cases} L_{am} = \dfrac{1}{2}(L_{ad} + L_{aq}) + \dfrac{1}{2}(L_{ad} - L_{aq})\cos 2\delta \\ L_{ao} = \dfrac{1}{2}(L_{ad} - L_{aq})\sin 2\delta \end{cases} \qquad (2-33)$$

$$\varphi_{\delta} = L_{am}i_{sm} - L_{ao}i_{st} + L_{ad}i_{f}\cos\delta \qquad (2-34)$$

式中，$i_{sm}$、$i_{st}$ 分别为定子电流的磁场分量和转矩分量；$i_{f}$ 为激磁电流；$L_{aq}$、$L_{ad}$ 分别为横轴、纵轴电枢反应电感系数。若只分析隐极电机，则 $L_{aq} = L_{ad}$，则气隙磁链为

$$\varphi_{\delta} = L_{ad}(i_{sm} + i_{f}\cos\delta) \qquad (2-35)$$

对于永磁同步电机，激磁电流 $i_{f}$ 为常数，为使气隙磁链 $\varphi_{\delta}$ 恒定，磁化电流 $i_{\mu}$ 应为常数。由磁化电流关系式

$$i_{\mu} = i_{sm} + i_{f}\cos\delta \qquad (2-36)$$

当 $\delta = 0$，$i_{sm} = 0$ 时，可得

$$i_{\mu} = j_{f} \qquad (2-37)$$

由此可以得出

$$i_{sm} = i_{\mu} - \sqrt{i_{\mu}^{2} - i_{st}^{2}} \qquad (2-38)$$

恒磁链控制方法通过控制永磁同步电机的定子电流磁场分量 $i_{sm}$，使气隙磁链 $\varphi_{\delta}$ 在运行中始终保持恒定，并与永磁转子的最大磁链 $\psi_{f}$ 相等，由此可得气隙磁链恒定控制的永磁同步电机的电磁转矩

$$M_{e} = \psi_{\delta}i_{sd} = \psi_{f}i_{st} \qquad (2-39)$$

由此可见，采用气隙磁链 $\varphi_{\delta}$ 定向控制的永磁同步电机定子电压 $u_{s}$ 基本维持不变，当定子电流转矩 $i_{st}$ 分量增加时，定子电流的磁场分量 $i_{st}$ 也随之增大，但是磁化电流 $i_{\mu}$ 幅值始终与激磁电流 $i_{f}$ 相等。电压基本恒定，电机功率因数较高，转矩线性可控，但需要较大的定子电流磁场分量来助磁。

## （六）定子电流最小控制

定子电流最小控制也称为最优转矩控制，是指在转矩给定的情况下，最优配置横轴和纵轴电流分量，使定子电流最小，即单位电流下电机输出转矩最大的矢量控制方法。最优转矩控制问题可等效为定子电流 $i_{s} = \sqrt{i_{sd}^{2} + i_{sq}^{2}}$ 满足转矩方程的条件极值问题。$\lambda$ 为拉格朗日乘子，拉格朗日函数

$$L(i_{sd}, i_{sq}, \lambda) = \sqrt{i_{sd}^{2} + i_{sq}^{2}} - \lambda\{M_{e} - [\varphi_{f}i_{sq} + (L_{d} - L_{q})i_{sd}i_{sq}]\} \qquad (2-40)$$

对函数求偏导，并令各等式为 0，又因为 $i_{sd}$ 取负值，且 $L_{d} < L_{q}$，由此可

解得

$$i_{sd} = \frac{1 - \sqrt{1 + 4i_{sq}^2}}{2} \qquad (2-41)$$

将 $i_{sq} = \dfrac{M_e}{1 - i_{sd}}$ 代入式（2-41）可求得

$$M_e = \sqrt{-i_{sd}(1 - i_{sd})^3} \qquad (2-42)$$

在给定转矩 $M_e$ 时，通过式（2-42）可解出电流最优解。相比 $i_{sd}=0$ 控制来说，最优电流法在很大幅度上提高了最优转矩控制的功率因数和总的功率容量。因此，对于凸极永磁同步电机来说，为了提高系统输出转矩，最好是采用最优转矩控制。对于隐极式永磁同步电机来说，当 $L_d = L_q$ 时，也就是转子磁路对称时，可以得到最优转矩控制的电流解为 $i_{sd}=0$。因此，最优转矩控制就是隐极式永磁同步电机的 $i_{sd}=0$ 矢量控制。在满足要求条件的前提下，最优转矩控制可以使电机转矩的电流最小。就电机铜耗量来说，最优转矩控制可以减少消耗量，使得电机的运行效率更高，从而优化整个系统的性能。除此之外，逆变器需要的输出电流非常小，可在一定程度上降低逆变器对容量的要求。

### （七）弱磁控制

电激磁同步电机的弱磁升速控制方案是永磁同步电机的弱磁控制思想的源头。两者的不同之处在于永磁同步电机转子永磁体产生的是无法调节的恒定的磁动势，若想要达到弱磁升速的目的，需要对定子的电流进行调节，也就是需要将定子纵轴的去磁电流分量增大，然后借助电枢反应将电机气隙合成磁势减小，即可达到目的。控制方案的实现需要控制 $dq$ 坐标轴上的电流，若是基速，则以最大转矩电流比运行；若是超过基速，则以最大的电压方式运行。

实现弱磁控制的方式有很多种，纵轴电流负反馈补偿控制方法是最常用的方法。他励直流电机弱磁控制是永磁同步电机弱磁控制思想的源头。对于他励直流电机来说，当其电枢端电压最高时，需要将电机励磁电流降低，保证电压处于平衡状态，从而使得电机以更高转速运行。换言之，他励直流电机为了达到弱磁扩速的目的，需要降低激磁电流。通过电压方程式对弱磁调速的本质进一步讨论。

$$u_s = \omega_r \sqrt{(L_q i_{sq})^2 + (L_d i_{sd} + \psi_f)^2} \qquad (2-43)$$

由式 2-43 可以看出，当电机电压达到逆变器输出电压极限时，只有调节 $i_{sd}$ 和 $i_{sq}$ 才能达到升高转速的目的，电机的"弱磁"运行方式正是如此。

不论是电极纵轴去磁电流分量的增大，还是横轴电流分量的减少，都可以使电压处于平衡状态，都可以达到弱磁的目的。增加电极纵轴去磁电流分量的弱磁能力受电机纵轴电感的影响，减少横轴电流分量的弱磁能力受横轴电感的影响。因为电机相电流有一定极限，在增加纵轴去磁电流分量的同时还要保证电枢电流不会超过电流极限值，那么就要相应减少横轴电流分量。因此，一般情况下，通过增加纵轴去磁分量来实现弱磁调速的目的。

# 第二节　直线电机常用控制算法

## 一、PID 控制算法

PID（Proportion Integration Derivation）控制器是一种最基本的控制方式，即比例-积分-微分控制器，复杂调节和计算机直接数字控制是以它为基础的。常规的 PID 控制系统原理图如图 2-9 所示。

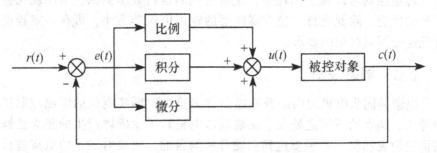

**图 2-9　模拟 PID 控制系统原理图**

PID 控制器是一种线性控制器，它根据给定值 $r(t)$ 与实际输出值 $c(t)$ 构成控制偏差

$$e(t) = r(t) - c(t) \qquad (2-44)$$

从而针对控制偏差进行比例、积分、微分调节的一种方法，其连续形式为

$$u(t) = k_p \left[ e(t) + \frac{1}{T_i} \int_0^t e(t)\,\mathrm{d}t + T_d \frac{\mathrm{d}e(t)}{\mathrm{d}t} \right] \qquad (2-45)$$

式中，$k_p$ 为比例系数；$T_i$ 为积分时间；$T_d$ 为微分时间。

## （一）PID 参数对控制效果的影响

引入比例环节的目的是及时地将控制系统的偏差信号 $e(t)$ 成比例地反映出来，以最快的速度产生控制作用，使偏差向减少的方向发展。比例系数 $k_p$ 的大小决定了控制作用的强弱。比例系数 $k_p$ 越大，那么过渡过程越短，从而控制结果产生的稳态误差也越小；但是比例系数 $k_p$ 越大，产生振荡的可能性越强，导致动态性能变坏，甚至会使闭环系统变得不稳定。因此，必须选择适当的比例系数 $k_p$，才能达到过渡时间少、稳态误差小又稳定的目的。

引入积分环节是为了将静差消除，也就是说当闭环系统稳定时，那么不论是控制输出量还是控制偏差量，都稳定处于某一常值。通过观察积分部分的数学表达式，可知只要存在偏差，就会不断地积累它的控制作用，通过将控制量输出达到消除偏差的目的。可见，消除系统误差是积分部分的作用。但是积分作用具有一定的滞后性，积分控制作用太强会加大系统超调，还会使控制动态性能变差，甚至会使闭环系统处于不稳定的状态。积分部分的作用在很大程度上受积分时间 $T_i$ 的影响。当 $T_i$ 比较大时，积分作用比较弱，此时利于减少超调，过渡过程极不容易产生振荡，但是需要特别长的时间来消除静差；当 $T_i$ 比较小时，积分作用比较强，此时系统过程产生振荡的可能性比较大，但是需要比较短的时间来消除静差。

引入微分环节的目的是对系统的稳定性和动态响应速度进行改善，微分控制对偏差的变化趋势比较敏感，增大微分控制作用可以使系统的响应速度更快，减少超调量，克服振荡，使得系统更加稳定，但是会降低系统抑制干扰的能力。微分时间 $T_d$ 决定了微分部分的作用强弱。微分时间 $T_d$ 越大，它对 $e(t)$ 变化的抑制作用就越强；微分时间 $T_d$ 越小，它对 $e(t)$ 变化的反抗作用就越弱。微分环节在很大程度上影响着系统的稳定性。

## （二）数字 PID 算法

计算机控制是一种根据采样时刻的偏差值计算控制量的采样控制系统。因此，不能直接使用公式（2-45）中的积分项和微分项，需要对其进行离散化处理。根据模式 PID 控制算法的算式，连续时间 $t$ 用一系列的采样时刻点 $kT$ 代替，积分用和式代替，微分用增量代替，即可得

$$u(k) = k_p e(k) + K_I \sum_{j=0}^{k} e(j) + K_D [e(k) - e(k-1)] \qquad (2-46)$$

式中，$k$ 为采样序列，$k = \{0, 1, 2, \cdots, n\}$；$u(k)$ 为第 $k$ 次采样时刻的计算机输出值；$e(k)$ 为第 $k$ 次采样时刻输入的偏差值；$e(k-1)$ 为第 $(k-1)$ 次采样时刻输入的偏差值；$K_I$ 为积分系数；$K_D$ 为微分系数。

## 二、自适应控制

控制系统若想获得良好控制性能，需要满足以下条件：不改变电机的运行环境、不改变电机的运行状态、不改变电机的系统参数、使用传统 PID

控制以及电机参数匹配良好。但是在实际生产过程中，很难保持如此理想的工作环境，系统电气参数和机械参数都会发生一些变化，而且会一直存在负载转矩扰动，系统控制性能会因这些因素而变差。如果系统控制参数可以根据运行环境和负载变化情况进行实时自动调节，那么就能加强电机的动态响应和抗负载扰动能力，这正是提出自适应控制的目的。就目前国内外研究情况来看，永磁同步电机的自适应控制方案主要有模型参考自适应控制、滑模变结构控制和模糊控制等形式。

### （一）模型参考自适应控制

将电流方程看作可调模型 $y(t)$，将交流电机的电压方程看作参考模型 $y_r(t)$，这是模型参考自适应控制的基本原理，两个模型的输出量具有相同的物理意义。两个模型同时进行工作，两个输出量之间有一定的差值，利用这个差值，以合适的自适应律为基础实时地对可调模型参数进行调节，缩小两个模型的输出差值，以此达到控制对象输出跟踪参考模型的目的。

模型参考自适应系统的原理图如图 2-10 所示。

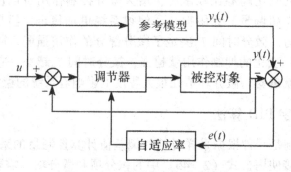

图 2-10　模型参考自适应系统

调节器参数可以使用自适应算法进行调整，即可使得被控对象输出跟踪参考模型，根据精度要求，当 $e(t) \to 0$ 时，结束对自适应参数的调整。自适应率调节过程的稳定性和快速性是控制系统能否稳定工作并且快速响应工作状态变化的关键。这个方法还可以用于观察转子磁链和辨识转速，其综合指标比较好，在全速域中具有较好的稳定性和动态特性，但是运算比较复杂，在处理时需要使用高级微处理器。

### （二）滑模变结构控制

在 20 世纪 50 年代，变结构这一概念由苏联学者首次提出，之后变结构理论进一步发展。在 70 年代，众多学者从不同理论角度、运用各种数学手段对变结构系统进行了比较深入的研究，使得变结构控制理论逐渐发展成为一个相对独立的研究分支。

变结构控制就是当系统状态穿越状态空间不同的区域时，按照一定规律，反馈控制器的结构会发生变化，使得控制系统对被控对象的内在参数变化和外在环境扰动等因素，具有一定的适应能力，保证系统性能达到期望的指标要求。对于系统存在的不确定性，该控制系统具有极强的鲁棒性，然而实际上变结构控制器是一种非线性控制器。

滑模变结构控制由于其滑动模态可以进行设计，对加给系统的扰动和系统的参数变化不敏感，它的特点包括鲁棒性好、响应速度快和综合方法容易实现，在伺服控制系统中，滑模变结构控制方法主要应用在交流伺服电机驱动技术和包括执行机构在内的整个系统的伺服控制技术两个方向。主要研究内容有两点：一是选择切换函数，主要是解决动态快速性问题；二是运动点到达切换面附近时，削弱抖动的问题，主要是解决稳态的稳定性和精度问题。

目前，永磁同步电机无线传感控制是滑模变结构控制研究的重点，国内对这方面没有进行过多研究，已有的研究也只是对理论的研究，关于产品化进程方面，要走的路还很长。

### （三）模糊控制

模糊控制是一种计算机数字控制，该控制的基础是模糊集合化、模糊语言变量和模糊逻辑推理。从线性控制与非线性控制的角度分类，可将模糊控制归纳到非线性控制中。从控制器的智能性来看，模糊控制又属于智能控制。美国加利福尼亚大学教授查德（L. A. Zadeh）首先提出了模糊控制的基本概念。

模糊控制的核心部分是模糊控制器，即图中虚线框中部分，如图 2 - 11 所示。模糊控制器控制规则的实现离不开计算机程序，通过采样，计算机可以获取被控制量的精确值，然后比较给定值与该值，即可得到误差信号 $E$（在这里取误差反馈）。一般情况，误差信号 $E$ 作为模糊控制器的输入量。可以用响应的模糊语言表示误差信号 $E$ 的精确模糊量。由此就得到了误差 $E$ 的模糊语言集合的一个子集 $e$（$e$ 实际是一个模糊向量）。以推理合成规则为依据对 $e$ 和模糊控制规则 $R$（模糊关系）进行决策，以此得到模糊控制量 $u$，即

$$u = e°R \qquad\qquad (2 - 47)$$

为了将更加精确的控制施加给被控对象，还需要将模糊量 $u$ 转换为精确量，这一步被称为非模糊化处理或去模糊化处理，如图 2 - 11 所示。对得到

的精确数字控制量进行数模转换，使其变为精确的模拟量，然后将该量送给执行机构，用于控制被控对象。

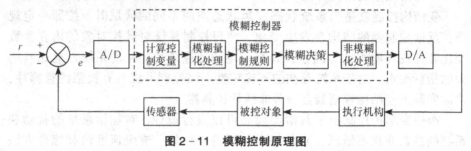

图2-11　模糊控制原理图

因此，为了实现语言控制，需要设计一个模糊控制器，必须解决以下三个问题：

（1）精确量的模糊化，把语言变量的语言值化为某适当论域上的模糊子集。

（2）模糊控制算法的设计，通过一组模糊条件语句构成模糊控制规则，并计算模糊控制规则决定的模糊关系。

（3）输出信息的模糊判决，并完成由模糊量到精确量的转化。模糊控制器的结构图如图2-12所示。

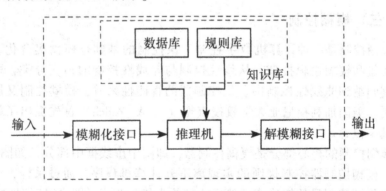

图2-12　模糊控制器的结构图

# 第三章　直线电机轮轨交通的设计与选择

城市的规模在不断扩大，随着不断发展的是楼宇建筑和地铁路网建设，城市多层立体轨道交通网络增加了城市地下隧道的埋深和线路坡度，同时减少了曲线半径，对于国内城市轨道交通建设的需求来说，传统的轮轨黏着驱动技术已经无法满足。直线电机轮轨交通系统的特点包括结构简单、坚固耐用、维护工作量小、大坡道适应能力强等，在线路规划设计方面具有极强的自由度，在城市轨道交通领域有着广阔的应用前景。

## 第一节　直线电机轮轨交通的特点与发展

### 一、系统基本工作原理

传统的旋转电机（RIM）演变出了直线电机（LIM）。直线电机的基本构成和作用原理类似于普通旋转电机。定子围绕着旋转电机圆筒形的转子，磁场由定子构成，将电流通过转子，有一种旋转力会在转子上产生。直线电机则是将定子和转子展开，将圆筒变成板状，转子沿着定子的长度方向直线移动，通过某种方式对转子进行支撑，使得转子和定子之间维持一定的气隙，如图 3-1 所示。

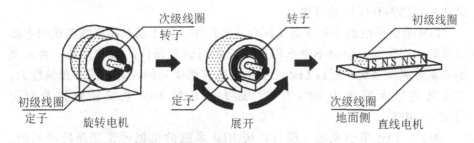

**图 3-1　旋转电机与直线电机原理对比图**

直线电机牵引的地铁车辆是将直线感应电机的定子部分（含电磁铁和线圈）安装在车辆的转向架上，将转子（感应板）沿线路铺设在轨道的中间。根据感应电机原理，当电流通过直线电机的定子电磁铁线圈时，会产生向前方向的磁场，通过与轨道感应板的相互作用产生牵引力。列车靠车轮支撑在轨道上，由于感应板是固定在轨枕（或轨道板）上的，反作用力就推动直线感应电机定子，从而带动转向架和列车在轨道上运行，如图3-2所示。

图3-2　直线电机车辆

## 二、直线电机轮轨交通的优缺点

采用直线电机牵引有两大突出优点：一是使用的车轮尺寸小，造价工程低；二是具有良好的安全性和可靠性，爬坡能力强，易于通过小半径曲线。

以日本大阪南港试验线为例，其直线感应电机列车的地板高度比一般车辆低50cm，整体高度要低1m，但乘客室的高度一直保持着2m以上，不会让乘客感到有压抑的感觉。

LIM牵引系统的车轮仅起支撑和导向作用，列车前进靠直线电机的电磁力推动。列车的牵引力不受车轮与钢轨之间黏着条件的影响，是一种典型的非黏着驱动系统。所以LIM牵引系统能获得优良的动力性能和爬坡能力，其线路的最大坡度为80‰左右，远大于传统RIM系统轮轨黏着牵引的30‰~40‰。

另外，LIM牵引系统，没有传统RIM系统的机械齿轮变速传动系统，车轮无须传递牵引力，有利于采用结构简单的径向转向架，可以使线路曲线半径减少到50~80m，而传统地铁的曲线半径是300m，这样小的曲线半径，使得LIM线路可以方便地绕过城市地上和地下的建筑物，方便选线和降低投资成本。

但与旋转电机相比，直线电机由于其转子和定子间气隙大，导致漏磁量大，机电能量变换的效率低；小直径车轮踏面研磨频繁，运营过程中必须及时调整其角度和空隙，增加了该方面的养护维修难度。

### 三、国内外发展现状

由于直线电机轮轨交通系统具有加减速性能好、牵引力大、维修量小等突出优势，已在加拿大温哥华空中列车线、马来西亚吉隆坡格兰那再也线、日本大阪长堀鹤见绿地线、东京大江户线、纽约肯尼迪机场线等轨道交通线中得到应用，目前建成的线路总里程超过 180km。我国广州地铁 4 号线和北京首都机场线已开通运营；广州地铁 5 号线经过充分的筹备工作，已经开工建设。广州地铁 6 号线，武汉、台北等城市地铁也计划采用直线电机系统。

## 第二节 直线电机轮轨交通轨道设计的特点

直线电机轮轨交通采用直线感应电机驱动技术，是介于磁悬浮与轮轨系统之间的轨道交通系统，区别于传统轨道交通牵引模式。其轨道结构与一般的地铁线路不同点在于感应板在轨道轨枕或整体道床上安置，与钢轨、道床以及供电轨的尺寸链关系至关重要，其关系如图 3-3 所示。这种尺寸链关系对轨道的设计会产生一定的影响。

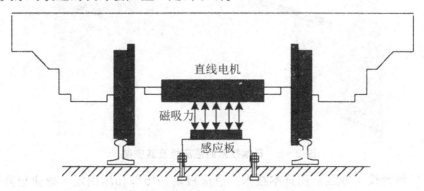

图 3-3 直线电机、感应板和钢轨之间关系图

### 一、感应板安装对轨道设计的影响

直线电机系统的感应板及安装有多种形式。加拿大技术的感应板安装如图 3-4 所示。其在整体道床或轨枕上预埋螺栓，感应板固定在螺栓上，具有易调整、板端头可悬空、感应板铺装方便等特点。

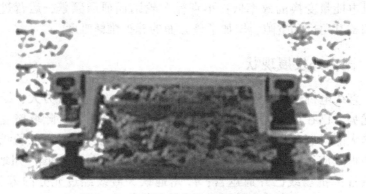

图 3-4　加拿大技术的感应板及其安装

　　日本技术的感应板及安装如图 3-5 所示。在轨枕上预埋螺栓，采用扣压件扣压感应板，感应板稳定性较好，缺点就是对铺设要求必须有一定精度，而且端头不能悬空，给轨道设计和铺设带来一定困难。

图 3-5　日本技术的感应板及其安装

　　广州地铁 4 号线采用日本技术，感应板由扣压件扣压固定，感应板高度调整通过扣压件中的调整板实现，调整板标准厚度为 5mm，垂向调整量为 ±6mm，横向调整量为 ±11mm。直线电机与感应板对轨道结构的气隙标准静态时为 10mm，公差为 0、-1mm，动态时仅允许 1.5mm 的钢轨及接头的下沉量，维修周期之前的钢轨允许磨耗 1.0mm，对轨道设计要求较为苛刻。

## 二、直线电机轮轨交通对轨道受力的影响

直线电机轮轨交通的轨道荷载与其他普通轨道相比就比较复杂了，除了承受列车垂直动荷载、横向水平荷载、纵向轮轨滚动摩擦力、高架桥上的梁轨纵向附加力等外，装有感应板的轨道还承受列车牵引力或制动力，牵引力的作用点在轨道中心，而不是在走行轨上。此外供电轨多安装在轨道一侧，使轨道还受到一个附加外弯矩，因此设计时需要对轨道结构进行针对性的分析和研究。

车辆运行时应满足气隙的要求，由于感应板的安装精度要求较高，因此需要提高轨道的施工精度；为保证轨道平顺性，还需满足良好的调整能力。直线电机轮轨交通的线路存在小曲线半径和较大的坡道，因此必须满足轨道的稳定性要求。

总之，直线电机轮轨交通的轨道结构是轨道交通系统行车的基础，其结构非常复杂。从受力角度看，一方面轨道结构承受来自车辆的随机动荷载作用，在巨大的载荷下，轨道的强度必然会受到影响，而且在钢轨和轮轨接触时，两者之间的接触力也会让钢轨损伤，再加上制动力和曲线侧向切削力也会使损伤加大。另一方面，作为一种新型的城市轨道交通形式，轨道结构与感应板之间还存在一定的相互作用。除了感应板之外，轨道结构本身的性能对其也有一定的影响。如果该系统想要正常的运行，那么该系统的结构形式、设计参数、设计方案、安装工艺及养护维修水平等都起着决定性的因素。

作为我国第一条直线电机轮轨交通系统的广州地铁4号线，为我国发展新型城市轨道交通系统开辟了一条新路。但不容忽视的是，由于直线电机轮轨交通在我国才刚刚出现，没有现成的标准和规范套用，轨道结构相关的研究在国内尚存在一定的欠缺。因此，充分吸收国外先进经验，借助广州地铁4号线及北京首都机场线的建设，对轨道结构进行深入细致的研究是非常必要的。对直线电机轮轨系统的深入研究和总结对我国进一步推广直线电机轮轨交通系统具有非常重要的意义。

# 第三节  直线电机轮轨交通轨道结构设计的原则

由于直线电机轮轨交通在我国才刚刚出现，国内地铁规范尚未涉及有关内容，没有现成的标准和规范套用。在实践中主要考虑直线电机特性，依据既有的轨道设计规范分析确定直线电机轮轨交通的设计原则和设计标准。

作为轨道交通系统的一种形式，直线电机轮轨交通的轨道依然要满足一般轨道系统选型的基本原则，即轨道结构及采用的设备应以"先进、成熟、安全、适用"为选型的基本原则；另一方面，作为一种新型牵引系统，其轨道选型必定具有一定的特殊性。总的来说，直线电机轨道结构的设计应满足以下几个原则：

（1）轨道结构应满足直线电机牵引系统的设计要求，并满足标准化、系列化和通用化的要求。

（2）轨道结构应满足直线电机车辆要求的轮轨匹配关系，并满足直线电机感应板安装要求。

（3）轨道结构应能确保行车安全、平稳及旅客舒适。

（4）轨道结构设计应简单、通用，方便施工，利于养护维修。

（5）轨道选型应根据沿线地面建筑物敏感点的分析，按环境影响评价的要求结合直线电机轮轨交通的特点，采用必要、合理的轨道减振降噪措施。

# 第四节　直线电机轨轮交通钢轨类型的选择

钢轨在轨道结构中是最主要的。由于地铁车辆越来越重、速度非常的快、通过的总质量越来越大，所以，各国的地铁在选择钢轨时都选择重型钢轨。选定地铁钢轨类型的主要因素有年通过总质量、行车速度、轴重、大修周期、维修工作量和减振降噪要求等。

## 一、钢轨型号的选择

根据广州地铁 4 号线及北京首都机场线的列车轴重、车速和运量需求，国内 50kg/m 钢轨和 60kg/m 钢轨均可满足直线电机轨道使用要求，但采用 60kg/m 钢轨在以下方面较为有利。

（1）使用寿命长。根据铁路多年运营实践证明，60kg/m 钢轨和 50kg/m 钢轨的使用周期分别为通过总重 700 Mt 和 450 Mt，60kg/m 钢轨的使用寿命是 50kg/m 钢轨的 1.5 倍以上。直线电机轮轨交通小曲线半径地段多，钢轨侧磨比较严重，采用 60kg/m 钢轨的必要性更为突出。

（2）稳定性好。60kg/m 钢轨较 50kg/m 钢轨强度高，线路稳定，安全储备大，使用 60kg/m 钢轨将提高线路运营的安全可靠性，有利于轨道结构的稳定和保持车辆牵引电机与感应板的气隙。

（3）长轨焊接的工艺成熟。由于国铁 60kg/m 钢轨用量较大，且一般用于无缝线路，因此钢轨的焊接工艺较 50kg/m 钢轨成熟，有利于钢轨焊接质量的提高及稳定。

（4）养护维修量少。在同等条件下，60kg/m 钢轨由疲劳造成的更换率为 50kg/m 钢轨的 1/6，轨道维修工作量减少 40%。采用 60kg/m 钢轨初期投资会增加 20%，但由于钢轨的使用寿命较长，可以减少现场的养护维修工作量，降低维修费用，因而其经济、技术综合指标还是较为有利的。

综上分析，正线和辅助线建议优先采用 60kg/m 钢轨。若车辆段轨道列车速度慢，且空车行驶，轴重轻，选用 50kg/m 钢轨可以满足使用要求。

## 二、钢轨材质的选择

国内目前的钢轨材质主要有 U71Mn 和 U75V 两种型号。U75V 钢轨与 U71Mn 钢轨相比，具有以下特点：

（1）抗拉强度、屈服强度和拉伸性能均较高。

（2）硬度高，耐磨性好，在小半径曲线上的耐磨性能可提高 60%以上。

（3）在列车速度不高时，钢轨的平顺性较好，有利于减振降噪。

虽然 U75V 钢轨的售价较 U71Mn 钢轨高约 6%~10%，但由于其使用寿命长，耐磨性好，可以减少现场的养护维修工作量，再加上采用直线电机轨道系统以后，小半径曲线增多，有可能加剧钢轨的损耗。因此正线及辅助线建议采用 U75V 热轧钢轨，对于车速较低的车辆段可采用 U71Mn 钢轨。

# 第五节 直线电机轮轨交通扣件的选择

扣件是联结钢轨与轨枕或一些在轨下的重要部件，其作用是能够把钢轨和轨枕联结起来，使之更加可靠，还能够阻止钢轨左右移动，并且可以提供一定的弹性。因此要求扣件要具备足够的强度和扣压力、良好的弹性、绝缘性能以及充足的调整能力。扣件结构力求简单，尽量标准化、通用性好，且满足绝缘及以下要求：

（1）扣件结构应符合直线电机适用于大坡道、小半径的特点，扣件的选型应与轨下基础形式相适应。

（2）根据直线电机系统气隙控制的要求，轨面和感应板表面不应发生较大的相对位移，扣件刚度不能过小，且刚度应均匀分布。

（3）扣件结构应满足钢轨顶面与感应板安装面高度要求。

（4）扣件间距应与感应板支撑间距相匹配。

（5）整体道床的轨道系统要求的调高量较大。由于钢轨与感应板的相对高度要求较高，而感应板的调整量较小，因此要求轨道扣件具有足够的调整量。

广州地铁4号线和北京首都机场线在扣件的选型和使用上都积累了一定的经验,简单介绍如下。

## 一、广州地鳖单趾弹簧扣件

广州地铁4号线轨道采用国产60kg/m钢轨,单趾弹条及10mm厚橡胶垫板,M30螺栓及10mm厚的铁垫板,与整体道床一起浇筑的长枕埋入式无砟轨道,轨距为1435mm。广州地铁4号线路的单趾弹性扣件系统如图3-6所示。

图3-6 广州地铁4号线路单趾弹性扣件

## 二、潘得路小变形先锋扣件

潘得路(Pandrol)小变形先锋扣件是在标准的先锋扣件上增加了专用的额外轨下支承垫板以控制钢轨下垂量,由弹性楔块支撑轨头的一种扣件系统。该楔块由侧板支撑,并扣于底板之上,底板则是紧固在轨道整体道床上。潘得路小变形先锋扣件系统如图3-7所示。

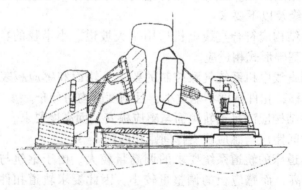

图3-7 标准潘得路先锋扣件系统

标准先锋扣件与传统的相比较，优点在于能够接受在列车通过钢轨时带来的垂直变形，从而能减少对支撑系统的震动传播，也减少了对地面震动的传播。但直线电机系统要求严格控制轨面和感应板表面的相对位移，为此在原扣件系统中加入了额外轨下支承垫板，保证系统不会因列车通过时产生大的钢轨变形，但也使扣件丧失了部分垂向变形能力，造成其整体减振效果降低。实际效果需在运营中进一步验证。

### 三、首都机场线 DTⅥ2-2 扣件

由于首都机场线多为高架线，而高架线要求扣件有较小的阻力、较大的轨距及水平调整量，故在扣件选择上以满足高架线轨道技术要求为基础。

考虑到无螺栓弹条扣件结构简单、维修量较少，故在传统地铁广泛采用地下线无螺栓弹条 DTⅥ2 扣件基础上，经过局部改进，设计了一种可同时用于地下、地面及高架线的 DTⅥ2-2 扣件（如图 3-8 所示），DTⅥ2-2 扣件与 DTⅥ2 扣件的技术指标对比见表 3-1。

表 3-1　首都机场线所用扣件与原型扣件的技术指标对比

| 对比项目 | 主要技术指标 | |
|---|---|---|
| | 传统 DTⅥ2 扣件 | 机场线 DTⅥ2-2 扣件 |
| 弹条扣压力（kN） | 8.25 | 5.3 |
| 静刚度（kN/mm） | 20~40 | 25~40 |
| 轨距调整量 | -12~8 | -16~8 |
| 高低调整量 | 30 | 40 |

（a）传统 DTⅥ2 扣件　　　　　（b）机场线 DTⅥ2-2 扣件

图 3-8　首都机场线采用的通用扣件及其原型扣件

实践证明，广州地铁4号线采用的单趾弹簧扣件系统和潘得路小变形先锋扣件系统以及首都机场线采用的无螺栓弹条DTⅥ2－2扣件均能满足直线电机轮轨交通的使用需求。

直线电机轮轨交通扣件的选型原则是：采用国内成熟技术，各个地铁线内部应尽量统一、便于更换及对运营后养护维修有利，并能保证轨面和感应板表面不会发生较大的相对位移。

# 第六节　直线电机轮轨交通道床类型的选择

直线电机轮轨交通，其轨道结构与传统的轨道结构形式主要不同之处是在道床中间安设感应板。目前，许多国家利用了各种形式的直线电机道床，如加拿大温哥华以高架线为主，采用直联式轨道结构；日本地下线的直线电机地铁轨道结构采用预埋长轨枕式整体道床；马来西亚吉隆坡直线电机地铁，在正线地下线、地面线及高架线上均采用预制道床板式轨道，在地面车场线上采用了传统的碎石道床结构等。随着直线电机轮轨交通在城市轨道交通上的运用，其轨道结构形式也在不断发展和完善。

## 一、国外直线电机轮轨交通的道床形式

加拿大温哥华空中列车线、马来西亚吉隆坡格兰那再也线、日本大阪长堀鹤见绿地线、东京大江户线、纽约肯尼迪机场线等，其采用的道床类型主要有以下几种。

## （一）预制混凝土道床板

该轨道结构主要由钢轨、扣件、预制混凝土道床板、板下垫层和基础底座等组成，马来西亚吉隆坡格兰那再也线即采用这种结构，主要应用在地下线、地面线和高架线，如图3－9、3－10所示。

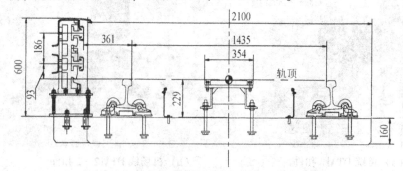

图3-9　预制混凝土道床板轨道结构示意图

**图3-10　道床板式轨道系统结构组成**

　　预制混凝土道床板是铺装、固定在表面粗糙的桥梁、隧道底面或其他具有混凝土基础的轨道。基础为平面或坡面，线路曲线地段采用坡度不同或相同的预制混凝土道床板，如图3-11所示。

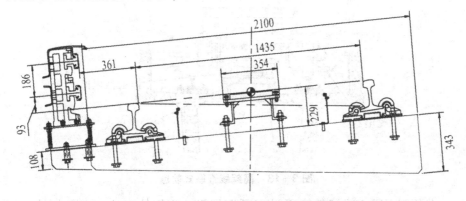

**图3-11　线路曲线地段采用坡度不同的预制混凝土道床板**

　　预制板是在具备环境控制条件的预制工厂精确浇筑而成，并使用高效组装生产线提高预制板的成品质量。在预制板浇筑过程中，预埋基础螺栓，并在出厂前预装扣件的弹性垫板和铁垫板，待预制板铺装完成后，就可直接安装钢轨扣件。如图3-12所示为吉隆坡格兰那再也线正在运营的高架线轨道。

图 3-12　吉隆坡格兰那再也线高架线轨道

## （二）直联式轨道系统

这种轨道是将钢轨和扣件直接与混凝土道床连接，加拿大温哥华空中列车在高架线路上采用了这种轨道，如图 3-13 所示。

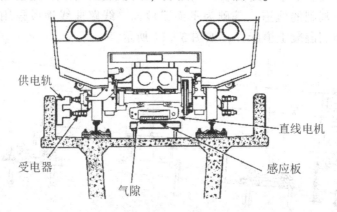

图 3-13　高架线直联式轨道

在预制混凝土梁铺轨表面设有预埋螺母，将钢轨直接固定在扣件垫板上，用扣件及螺栓紧固在箱型梁上。用于直联扣件的预埋螺母应在箱梁预制时预先设置好。梁体内预埋的螺母将实现轨道的定位精度和施工精度。

马来西亚吉隆坡格兰那再也线道岔地段采用直联式轨道，为二次浇筑混凝土，如图 3-14 所示。

图 3-14　吉隆坡格兰那再也线道岔地段采用直联式轨道

### （三）长枕式整体道床

长枕式整体道床是把预制的混凝土枕与混凝土道床二次浇筑成整体，日本东京大江户线采用了这种道床。

长轨枕为预应力混凝土结构，轨枕预留横向圆孔，每一单元道床设纵向钢筋贯穿，以加强与道床的联结；长轨枕上预留安装钢轨、感应板的安装孔。这种整体道床有以下一些特点：道床厚度较大，有利于减轻隧道仰拱的变形，可采用轨排架法施工，利于轨道几何状态的调整和保持。长枕式道床排水方式单一，只能在道床两侧设排水沟。另外，与短枕式整体道床相比造价稍高。

### （四）碎石道床

该种轨道系统在一些站线或车场线使用，如马来西亚的吉隆坡格兰那再也线车场线就采用了这种结构（如图 3-15 所示）。其与传统的碎石道床结构基本相同，在轨枕中间安置感应板结构，在钢轨外侧轨枕端部一般预留三/四轨安装位置。

碎石道床在我国技术非常成熟，并且结构相对来说比较简单，施工非常容易，而且成本也低，最主要的问题就在于稳定性相对来说较差，难以保持轨道的状态，在排水不好的地段更易出现道床病害，会带来比较大的维修量。由于轨枕中间安置感应板，钢轨外侧轨枕端部一般安装三/四轨，所以在养护时比传统地铁系统的碎石道床结构更为困难。因此，这种结构适用于车场线或软土地基线路。

**图 3-15  吉隆坡格兰那再也线碎石道床**

## 二、国内的轨道结构形式

国内的城市轨道交通主要采用短枕式整体道床、长枕式整体道床和有砟轨道，同时国铁在秦沈客运专线和遂渝试验线及其他一些客运专线上试铺了板式轨道、博格轨道、雷达轨道等多种形式的无砟轨道。

### （一）直联式轨道系统

直联式轨道系统在国内城市很少采用，目前只有大连的城市有轨电车工程采用的是这种道床。虽然这种系统结构简单、轨道高度低，但是这种系统对施工的精度要求非常高，而且建设进度很慢。这种系统扣件与道床采用的是后锚固技术（如图 3-16 所示）。

**图 3-16  大连有轨电车用道床图**

## （二）短枕式整体道床

这是目前我国城市地铁普遍采用的轨道结构形式，在北京、广州、深圳及南京地铁均有应用，短枕式整体道床的整个框架结构设计都比较简单，而且造价也低，施工非常方便，就是需要铺设轨排支架。如果短枕式整体道床安装在直线电机轮轨交通轨道时，感应板的安装就会非常麻烦，如果采用预埋件，那么在现场就需要找到精确的预埋位置，这种情况对施工的精度要求非常高；如果采用后锚固技术，则工程量巨大，而且进度很慢，最重要的是造价也很高。

## （三）长枕式整体道床

国内已经运营的长枕式整体道床有上海地铁1号、2号线，广州地铁4号线等。此外，国铁在秦沈客运专线的桥上试铺了长枕式整体道床。

## （四）板式无砟轨道

国内地铁在广州地铁4号线采用了板式道床，国铁秦沈客运专线的双向特大桥上试铺过日本的板式无砟轨道，另外在一些客运专线也铺设了这种轨道结构，如图3-17所示。秦沈客运专线经过无数科研者的不懈努力，各方面的数据、结构、设计等都达到满意后，完成了首次高速列车运行试验。试验各方面的性能良好，完全符合使用要求。这一系列的研究为我国板式轨道结构的研发及应用奠定了基础。

**图3-17 秦沈客运专线桥上板式轨道**

## 三、广州地铁4号线轨道类型选择

广州市地铁4号线采用直线电机轮轨交通，轨道结构的选型充分考虑了直线电机列车的使用要求和各种轨道类型的特点，见表 3-2。

表 3-2　轨道类型结构方案比较表

| 项目 | 碎石道床 | 短枕式整体道床 | 板式轨道 | 长枕式整体道床 | 直联式道床 |
|---|---|---|---|---|---|
| 结构特点 | 结构简单、弹性好、技术成熟、道床稳定性差、日常维修量大 | 技术成熟、结构简单、施工安装定位工作量大 | 整体性好、部件安装精确、施工质量好、进度快 | 结构整体性好、轨道状态好、施工进度快 | 结构简单、轨道高度低、曲线超高设置困难 |
| 直线电机适应性 | 轨枕预留感应板螺栓孔 | 感应板安装在道床上，调整工作量大 | 预留感应板螺栓孔 | 预留感应板螺栓孔 | 感应板直接安装，调整工作量大 |
| 可实施性 | 施工简单 | 可以施工、调整工作量大 | 施工快、现场调整工作量小 | 轨排法施工、调整方便 | 可以施工、施工精度要求高 |
| 适应性 | 地面线、车场线 | 道岔、高架桥调节器 | 高架桥道床 | 地下线道床 | 部分特殊地段 |
| 经济指标 | 0.67 | 1 | 1.27 | 1.05 | 0.95 |
| 实践应用性 | 吉隆坡直线电机轮轨交通车场线、国内地铁、国铁 | 国内地铁 | 吉隆坡直线电机轮轨交通高架线、秦沈客运专线高架桥及其他客运专线等 | 日本直线电机轮轨交通、上海地铁地下线 | 加拿大温哥华直线电机轮轨交通高架线、大连轻轨等 |

短枕式道床虽然结构简单、造价低，但不便于感应板的安装，需采用现场精确预埋或后锚固式安装感应板，施工繁杂，安装精度难以保证，不太适用于直线电机轨道。

直联式轨道系统虽然轨道高度低、结构简单，但其对施工精度要求较高。如道床的平整性、超高的设置、扣件的定位精度及调整要求高；当考虑了直线电机轨道交通系统后，感应板的安装要求则更高（尤其是日本的感应板安装方式），必须满足直线电机气隙控制的要求，给施工带来了难度。此外，该结构本身的施工进度慢，经济指标低。由于广州地铁 4 号线采用的是日本的技术，感应板安装要求严格，因此没有将该结构用于广州地铁 4 号线的直线电机系统中（若采用加拿大的感应板安装方式，可另行考虑）。

直线电机轮轨交通要求感应板与钢轨的相对位置要精确，在道床上预埋螺栓（或孔）较易达到施工精度，长枕与道床板都是在工厂内预制，定位精度可以保证，因此，长枕式道床和板式道床更适合直线电机轮轨交通。广州地铁4号线的特点是地下线、地面线和高架线兼有，施工工期短，地下线施工场地狭小，当时的板式轨道施工方法也很难满足施工工期要求。长枕式道床在国内地下线施工有一定的经验，按期完工有保证。造价也低于道床板，可节省投资，因此广州地铁4号线的地下线采用了长枕式道床。

高架线单从轨道设计来考虑，长枕式道床和板式道床都可适用，从高架桥桥梁设计综合考虑，长枕式轨道高度需580mm，板式道床轨道高度为450mm，长枕式轨道高度高于板式道床。轨道高度高使高架桥荷载增加，长枕式轨道约是板式道床的1.5倍，对桥梁设计不利，加大桥梁的投资。板式道床轨道结构高度较低，当曲线设置超高时可通过不同厚度的预制道床板直接在道床板上实现超高，利于桥梁制造和轨道施工。在高架桥上进行板式道床施工可预制不同规格的预制道床板，在铺设安装道床时可不受空间限制，可以进行多点施工，施工进度快，能保证当时4号线的工期要求。因此，高架线采用了板式道床。

对于地面线土质路基工后沉降大，采用整体道床时，路基需要加固处理，整体道床设计也要加强，造价较高。同时，当地基出现不均匀沉降时，整治相当困难。由于地面线不受轨道高度限制，养护条件相对较好，为此地面线及车辆段线采用了碎石道床，以节省投资。

岔区的道床根据感应板安装形式进行确定。感应板为扣压式时，道床可采用木枕（合成轨枕）结构。感应板为螺栓联结式时，碎石道岔道床可采用木岔枕（合成轨枕）结构，整体道床宜采用长、短轨枕结构。

广州地铁4号线使用长枕式道床、板式道床，岔区采用的日本FFU74合成树脂长轨枕及有砟轨道，这在国内均是首次采用，其结构形式、受力状态与一般地铁线路均有较大的不同。为确保道床的正常使用，有必要对道床板和长枕式道床进行专题研究，通过研究、试制和试验的过程，使轨道部件达到使用要求。

## 第七节　直线电机轮轨交通感应板的安装

直线电机励磁无功功率与气隙成正比例关系，所以希望气隙能尽可能小，但考虑到施工精度和运行中的变动，一般设定在一定范围内。轨道与感应板配合精度，直接影响直线电机定子与感应板间气隙的大小。车载直线电机本体与安置在道床结构上感应板的间隙大小和变化，决定了直线电机牵引系统安全、平稳、高效等牵引特性，因此轨道上感应板铺装技术尤为关键。

## 一、道床与不同形式感应板的匹配

感应板铺设于走行轨中间，使用的平板式感应板一般宽 360mm、厚 27mm，其中上面是 5mm 的铝合金层或铜板层，下面是 22mm 的铁板。感应板结构组成包括金属复合板、扣压件或安装支架和加强板（如图 3 – 18 所示）。

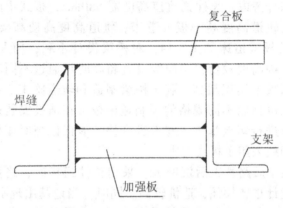

图 3 – 18　感应板结构组成

在日本，根据感应板的高度，其安装方式可以分为两种类型。一种方式是直接铺设在道床板线路上，不用在下面安装铁垫子，安装感应板直接将扣件扣紧固就行，安装起来非常方便，所以，就称这种类型的感应板为直接型感应板；另一种方式是铺设在复杂的路段，如曲线路线，道岔区路线等，这种类型在安装感应板时应该安装上铁垫子，先将铁垫子固定在轨枕上，然后再和感应器连接在一起，这种类型的感应器称为间接型感应板。

加拿大安装方式的感应板，采用在道床或轨枕上预埋螺栓，感应板固定在螺栓上，其高度可用螺栓调节。

## 二、感应板安装原则

感应板的安装能够给车辆带来动力作用，所以，应该连续铺设在轨道线路上。感应板长度模数应与扣件纵向间距匹配，宜为轨道扣件纵向间距的整倍数。按照感应板长度，其规格分为 5m、2.5m、1.25m 等类型。在线路是曲线的部分，而且是半径比较小的地方，使用的感应板应该是较短规格的或者削边规格的。当该路线的曲线半径为 130m≤R≤400m 时，感应板的选择应该是较短规格的；当路线的曲线半径为 65m≤R<130m 时，感应板

的选择应该是削边的。

对于道岔结构，应充分考虑道岔结构的特点及感应板的使用要求，合理设计并安装感应板。这里以道岔区采用合成树脂轨枕时感应板的安装为例说明。

（1）感应板铺装设计分别从道岔前端和根端以线路中心线对称向岔心布置，尽可能最大限度地铺装感应板。

（2）在特殊地段，如防淹门、转辙机连杆等处应断开铺设感应板。

（3）以两个走行轨中心线为基准铺设感应板，狭窄部分在道岔垫板间居中铺装感应板垫板。

（4）感应板的铺装位置和感应板垫子的安装位置，都应该按照标准配板图来进行安装。

（5）为了防止杂物进入信号源，导致信号源发生故障而造成短路，在道岔口设置一些阻挡杂物进入的装置，装置中间的间隙要确保在 40mm 以上。如图 3－19 所示。

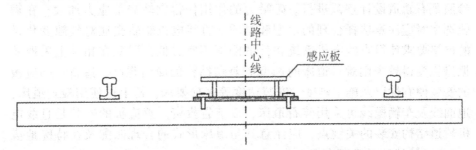

**图 3－19　道岔区合成树脂轨枕感应板安装示意图**

## 三、交叉渡线与感应板布置

交叉渡线是线路交叉中一种普遍使用的形式，可以代替两组渡线使用，有效地节省站场长度。

对于传统轮轨交通，交叉渡线结构已经较为复杂，尤其菱形部分，结构较为紧凑；当线间距较小时，结构布置则更为困难。

对于直线电机轮轨交通，交叉渡线的结构更为复杂。由于要在线路中间设置感应板，因此要求在线路中间留有足够的空间，而交叉渡线的中间菱形部分，结构较为复杂，中间的空间较小，与感应板的安装有一定的矛盾，使感应板的布置间断较大；此外交叉渡线菱形部分固定辙叉较多，使直线电机车辆的振动也较大。因此一般情况下，对于直线电机轮轨交通，应避免采用交叉渡线，而用两组渡线代替。除非在线路设计极为困难、不能设置八字渡线的情况下，可设置交叉渡线。

对于 12 号及以下号码的交叉渡线，钝角辙叉一般可以采用固定辙叉，结构相对较为简单，但由于感应板的宽度较大，布置仍较为困难。在交叉渡线感应板的布置中，应尽可能多地布置感应板，以保证列车的运行要求。目前广州地铁 4 号线、5 号线感应板的宽度为 360mm，其中静调库、检查库地坑用感应板宽度为 300mm，感应板的宽度减小，对交叉渡线的感应板安装是有利的。

交叉渡线中感应板的布置长度，应满足车辆专业对感应板布置的最小距离要求，且应尽可能多的布设感应板；如不能满足要求，则应修改交叉渡线的结构设计，缩短道岔铁垫板的长度，以增加感应板的铺设长度，满足车辆专业的要求。虽然在设计上能够将垫板长度缩短 50mm 左右，但有可能造成道岔扣件布置不尽合理。

综合上述分析，由于国内尚缺少系统的直线电机轨道结构相关技术标准，其轨道结构的参数取值可在考虑直线电机轮轨交通轨道特性的基础上参照既有轨道设计规范进行。磁吸力的作用使得钢轨局部应力加大，在钢轨选型时应注意选择合理的轨型和材质。直线电机轮轨交通对气隙变化量的严格要求使得直线电机系统扣件的刚度不宜过低，因此在扣件上采取减振措施变得较为困难。道床的选型需兼顾结构的简洁程度、造价、感应板的安装便宜性以及施工难度、安装精度等多项要求，桥上可使用板式道床，地面线及车辆段线可采用碎石道床，以节省投资。感应板的安装是直线电机轨道结构安装的关键点，应注意其与道床形式的合理匹配及在特殊地段（如交叉渡线）的合理布置。

# 第四章 直线电机轮轨交通高架结构的发展

我国城市化发展的脚步不断向前，随之迅速发展起来的是轨道交通系统。轨道交通的优点有：运输量大、速度快、安全可靠、只会轻微污染环境以及不占用地面面积等。因此，轨道交通成为一种有效缓解城市交通拥挤和环境污染的方法。目前，以地铁和轻轨为主的轨道交通基础设施建设已成为城市优先发展的基本任务之一。在我国人口过百万的城市中，有 30 多个大城市和特大城市正在建设或筹建自己的轨道交通系统。

目前，世界各国根据城市特点已开发了多种形式的轨道交通模式。其中包括传统的轮轨系统、直线感应电机（Linear Induction Motor，以下简称"直线电机"或"LIM"）系统、跨座式单轨系统、无人驾驶新交通、磁悬浮系统等新型轨道交通模式。我国城市轨道交通的发展只有 40 余年的历史，仍以传统的大运量轮轨交通为主。

## 第一节 国内直线电机轮轨交通高架结构发展和研究现状

我国在地铁车辆技术上取得了较高水平的研究开发成果，能够完全依靠国内技术力量制造普通旋转电机牵引机车，但在高新技术应用方面与国际先进水平差距较大，例如，直线电机牵引车辆、交流牵引车辆的电机与控制设备基本上依赖进口。

近年来，国内已开始了对直线电机系统的研究。我国众多企业、部分高校和科研机构对直线电机进行了研究，前期研究内容包括轨道交通的关键技术、车辆和直线电机，这些研究为后期轨道交通的运行打下了基础。

20 世纪 80 年代，北京西直门—颐和园路线曾经想要采用直线电机地铁方式，并做了初步研究，但是当时的经济、科技等条件限制了研究的脚步，无法解决线路设计、施工、运行中的众多关键技术问题，因此没有取得想要的研究结果。

2003 年，广州地铁 4 号线和首都机场线开始建设，这两条线均采用了直线电机轨道交通技术，因此国内各方又开始关注直线电机轮轨交通系统。

广州是我国第一个应用直线电机轮轨交通系统的城市，广州地铁总公司在地铁建设中首次引进直线电机轮轨交通系统技术。经过几年建设，广州地铁 4 号线成为我国第一条直线电机驱动的轮轨交通线。根据广州市城市轨道交通建设规划,地铁 5 号线、6 号线、7 号线也采用直线电机系统。

广州地铁 4 号线全长 69.67km,主要是南北走向,设 20 座车站。其中地下线 19.47km,地面线 1.94km,高架线路长达 48.26km,高架线路占线路总长的 69.3%。线路纵断面最大坡度为 50‰。由于转弯半径小,坡度大,采用直线电机系统在线路设计方面会带来较大的自由度,并可优化车站位置,减少线路对用地的影响。

广州地铁 4 号线新造—金洲段设置的高架车站有 8 个,站房使用钢结构建成。各个站房设计成了不同的造型,但是门式钢架结构为基本结构形式,H 型钢是主要焊接材料,全部钢架都是弧形结构,钢架和基础以铰接的形式连在一起。钢结构施工难度比较大,因为每个站的造型不同,搭建现场使用的吊装工艺也不相同。广州地铁 4 号线列车为四节编组,编组长度较小,载客量达 918 人,最高运行速度 90km/h,设计载客能力 3.4 万人/日,可适应中等运量的轨道交通系统。

在首都机场线轨道交通模式的论证过程中,城市轨道交通研究中心(由北京交通大学和北京城建设计研究总院组建而成)经过深入地研究,完成了"直线电机系统在首都机场线的应用系统研究",提出直线电机轮轨交通方案并得到北京市批准。直线电机技术的主要优势是列车转弯灵活、爬坡能力强、噪声低。受地理位置限制,机场线不少路段转弯半径太小或坡度太大,普通地铁列车行驶会产生脱轨侧翻或爬不上坡的状况。由于采用了直线电机驱动,机场线的最大线路纵坡达到 34‰;东直门外斜街的地下区间最小曲线半径达到 160m,但直线电机列车依靠转向架的液压伸缩装置能够轻松转弯。首都机场线于 2005 年初开始全面施工,2008 年奥运会前开通。

首都机场线全长 28.1km,其中地下隧道 10.48km(含 U 形槽部分 1.2km),地面线 1.87km,其余 15.75km 为高架线路。全线共设 4 个车站,起点为东直门站,与 2 号线和 13 号线相连接。其余 3 个车站为三元桥站、机场 T3 站和 T2 站,其中 T3 站为高架车站。与普通地铁列车靠轮轨摩擦产生推力相比,直线电机列车的车轮主要起支撑车体和导向作用,行进中阻力小,时速达到 110km,从东直门至机场全程运行时间只需 17min。

在广州地铁 4 号线的设计建造过程中,科研项目——"城市轨道交通直线电机运载系统"由广州地铁总公司组织的相关单位完成,系统研究了直线电机轮轨交通的系统集成、关键技术、重大装备等技术问题,包括系统适用性、转向架研制、感应板、VVVF 变频器研制、道岔研制、信号及列车运行控制等内容。对于基础设施工程来说,直线电机轮轨交通限界、线路设计参数、混凝土板式道床振动控制等内容为重点研究内容,通过研究取得了一系列重要的成果。这些科研项目有利于我国尽快掌握直线电机轮轨交通的关键技术,填补我国在此领域的空白;有利于在我国推广直线电机轮轨交通模式,为我国轨道交通系统提供新的选择,因而具有非常重要的意义。

## 第二节　国外直线电机轮轨交通高架结构发展概况

第一条直线电机轮轨交通问世至今只有几十年的历史,由于此交通方式具有独特的先进性和实用性,因此它的发展速度非常快。

目前,加拿大和日本的相关公司是制造直线电机轮轨交通系统设备的主要机构。加拿大和日本对技术的侧重有所不同:加拿大侧重于使用地上直线电机车辆,而且为无人驾驶,在高架桥、跨海大桥的建设上有一定的成功经验;日本侧重于建设地下直线电机轮轨交通,而且为单人驾驶,在小断面隧道建设方面取得了一定的成果。除此之外,对于设计中参数的选择,加拿大和日本也有不同的意见和方法。

### 一、日本的直线电机轮轨交通

日本的国土面积比较小,但是人口众多,几大都市容纳了大多数人口。21 世纪被工程界称为地下空间综合开发利用的时代,日本更是从 20 世纪 60 年代就开始了对地下空间的综合开发利用,迄今为止已经建成了具有综合功能的地下建筑和发达的城市轨道交通网络。地下资源基本已被利用,要想继续修建地铁路线是非常困难的,而且修建费用也会非常高。为了解决地下空间资源紧张的问题,日本开发了小型化的直线电机地铁。

1981～1983 年,日本铁道技术协会研究了"小断面地铁直线电机驱动车辆",并且制作了样车。经过多年研究和多次试验,初步将使用直线电机驱动的小断面地铁模式确定了下来。1985～1987 年,由运输省和地下铁道协会组成的专门委员会研究了直线电机驱动小型地下铁道的实用性。与此同时,为了对样车进行试验,在大阪南港建造了试验线,对其进行了一系列的试验,最终取得了成功。1986 年 8 月,大阪 7 号线小断面地铁开始建设,1993 年 3 月该线路开始运行。1988 年,东京大江户线小断面地铁开始建设,2000 年 12 月该线路开始运行。

日本的直线电机轮轨交通系统以地下线为主,甚至车辆段和综合维修基地也设置在地下,只有少量高架线。其特点是:以经济实用、不盲目追求技术先进为特征,性能指标一般。直线电机采用自然冷却方式,受电为 1500V 直流受电弓方式。车辆采用强迫导向径向转向架,轴距 1.9m,定距

111.0m，轮径 610mm 或 660mm。列车为八节编组，带司机室的头、尾车辆重 24t，载客量 90 人（32 个座位）；中间车辆重 25t，载客量 100 人（40 个座位）。列车最高运行速度 70km/h，发车密度最高为 24 对/小时，运送能力可达到单向高峰小时 1.9 万人次。

## 二、加拿大的直线电机轮轨交通

加拿大的直线电机轮轨交通系统是由加拿大城市交通发展公司研发的。该公司在金斯顿市设立了研究中心，包括一个带有环形试验线的轨道试验基地，主要通过车辆试验和轨道线路试验开展直线电机轮轨交通系统的研究。

经过长期的酝酿，温哥华市采用了直线电机轮轨交通模式。1981 年温哥华线开始规划设计，1982 年施工，首先建造了 1km 多的试验线，1985 年底全线建成，1986 年 1 月正式投入运营。

加拿大的直线电机轮轨交通包括地下线和高架线。由于温哥华线建在城区，地面和高架部分在全线占较大比例，因此选择了噪声低、振动小的直线电机轮轨交通。造型美观的高架桥穿过市区，成为城市中一道靓丽的风景线，因此被称为空中列车线。

现有的温哥华空中列车线运营线路包括新千年线和世博会线，全长 49km，由温哥华 BC 快速交通公司负责管理，从一开始就实现了安全、可靠运营。

新千年线 1998 年 8 月开始建设，2002 年夏天全线开通，全长 20.3km，其中高架线路 18.4km，地面线 2.4km，地下部分只有 0.6km，共设有 11 个车站。新千年线的高架系统采用节段拼装的单箱单室梁和整体道床。

世博会线全长 28.9km，其中高架线路 23.5km，地面线 3.1km，地下部分 2.3km，共设有 20 个车站。世博会线的高架系统采用预制单室双箱梁，整体道床，现场架设。

加拿大直线电机车辆分为 MK I 型和 MK II 型，均为无人驾驶的小型化全自动车辆。直线电机采用强迫风冷方式，受电为 600V 直流三轨受电、四轨回流方式。车辆采用自动导向径向转向架，焊接蜂窝结构的铝合金车顶和钢框架地板轻型结构。列车为四节编组，每节车辆重 13.9t，载客量 106 人（35 个座位，71 个站位）。

加拿大的直线电机系统具有低噪声、低振动、大爬坡能力、小平面曲线半径、重量轻、小编组、高密度（发车间隔可达 90s）等特点，有利于实现以高架、地面为主，地下线为辅的运营模式。通过多项先进技术，实现了高系统可靠性，达到了降低运营成本的目的，成为城市轨道交通中一种中等运量的运载系统。

温哥华空中列车线的线路多为高架桥，只有市中心区的三个车站为地下车站。车站设计也很有特点：①建筑简洁明快，风格统一又各有特色；②车站体量小，站台宽度没有特别限制；③车站布局、结构与区间桥梁整体搭配，结构合理，充分利用了桥下空间；④车站与周围建筑相协调，地铁广场连接大型超市及购物广场；⑤各种交通方式合理衔接，公共交通换乘方便。

### 三、其他国家的直线电机轮轨交通

直线电机轮轨交通在其他国家也有较多的工程应用，在这些实际工程中，不但有地面区段，也有高架桥区段。

马来西亚吉隆坡的格兰那再也线全长 29.4km，其中高架线路 22.27km，地下线 4.3km，共设有 24 个车站。格兰那再也线高架系统曲线半径很小，采用节段拼装的单箱单室梁，预制轨枕板整体道床。

美国的底特律线和纽约肯尼迪机场线采用了直线电机轮轨交通系统。底特律线于 1987 年建成，全长 4.8km，13 个车站。肯尼迪机场线 2003 年投入使用，全长 13.0km，设有 10 个车站。

# 第五章 直线电机轮轨交通
# 高架结构的设计、构造与应用

我国轨道交通发展日新月异，在众多的新型轨道交通类型中，采用直线电机驱动的轨道交通具有爬坡能力强、曲线半径小等突出优点。直线电机轮轨交通系统技术先进、安全可靠、经济合理、绿色环保，非常适合大、中城市中等级运量轨道交通发展的需求，是一种极具发展前途的新型交通模式。本章就直线电机轮轨交通的高架结构设计、构造以及应用实例进行详细介绍。

## 第一节 高架桥梁的总体设计与结构形式

### 一、高架桥的总体设计

#### （一）总体布置原则

桥梁的总体布置与线路专业、车站相关专业、车辆专业关系密切。

高架桥梁的布置要符合线路规划的总体走向，充分考虑与既有或规划交通设施的衔接，尽量减少对沿线绿化树木的破坏，并注意与城区景观结合。

高架线路在满足客流及运行速度的基础上，做到尽量减少拆迁，优化设计，从而降低工程造价，并服务于运营。

高架桥区段要满足桥下道路净空要求，线路坡度随地形起伏而平缓变化，以保持线型舒展。

高架线路距建筑物的距离，应根据行车安全、消防、减震、降噪、景观和居民隐私等相关要求，以及采取相应防范措施等因素，综合比较确定。

曲线段高架桥曲线半径的选用，既要和纵断面相配合，满足行车速度要求，又要符合地形、地质条件。

当桥梁在曲线上以折代曲布置时，若曲线半径较小，则应以较小跨度布置，这样可尽量减少线路中心线偏离桥梁中心线的距离，从而减少桥梁加宽值并改善梁体的受力状态。当曲线半径过小，布置小跨度梁仍满足不了梁体受力要求时，应实行曲梁曲做的方法。

车站轨道梁通常有两种做法：一种是采取高架桥的形式通过车站，车站结构与桥梁结构分开，这种方式称为"建桥分离式"；另一种是将轨道梁与车站结构合建，两种结构结合在一起，这种方式称为"建桥合一式"。

桥梁的布置还与车辆专业有关，车辆的几何尺寸直接影响到限界尺寸，限界决定了桥梁宽度及桥上设备的尺寸布置。在曲线桥上，由于加大了建筑限界，桥面宽度应随之增加。

（1）平面设计。线路在平面上应尽可能设计成直线，条件不允许时才采用曲线。平面圆曲线与直线之间应根据曲线半径、超高设置及设计速度等因素设置缓和曲线，其长度按照《地铁设计规范》选用。

两相邻曲线间夹直线长度（不含超高顺坡及轨距递减段的长度）不宜小于20m，在困难情况下不得小于一节车辆的全轴距。

在曲线段，高架桥宜采用曲线梁，图5-1为曲线段采用曲线梁的示意图。曲线半径较大的简支梁区段也可采用直线梁折线布置的形式，图5-2为曲线段采用直线梁按折线布置的示意图。

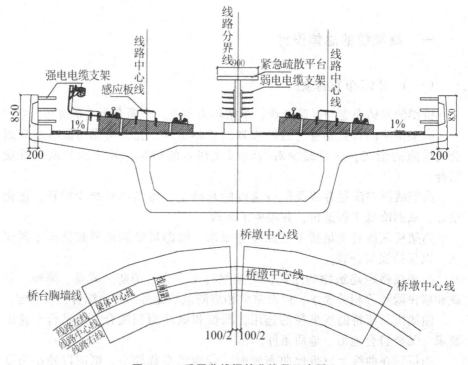

图5-1　采用曲线梁的曲线段示意图

应根据线间距的最小要求，优化平面设计，使其工程量达到最小。

（2）横断面设计。横断面设计主要指桥上线路、感应板、电缆支架、

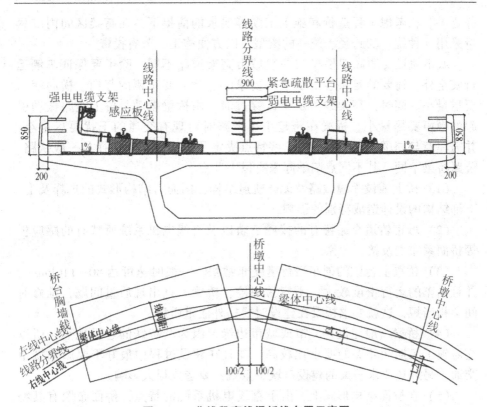

**图 5-2 曲线段直线梁折线布置示意图**

紧急疏散平台等在横向的布置。同时，横向排水坡、曲线段的外轨超高等也要表示出来。

（3）纵断面设计。若线路跨经的平交道口较多，应尽量采取高架桥形式，避免切断线路两侧道路的联系。同时应注意避免在道口立交而其余地段采用地面线导致的纵断面起伏较大的情况。

最小坡度：高架桥上正线最小坡度在采取了排水措施后不受限制。

最大坡度：直线电机列车有很强的爬坡能力，理论上线路坡度可达到80‰，广州地铁4号线的线路坡度达到了50‰，而普通轨道交通坡道一般不大于35‰。

车站纵坡：高架桥上车站站台计算长度段线路宜采用平坡。困难条件下，可设在不大于3‰的坡道上。

## （二）轨道交通高架桥梁设计原则

目前，我国城市轨道交通正在快速发展，而高架线路又因其造价低、工期短被广泛应用。高架桥梁结构的设计和选型，是桥梁工程师的主要任务之一。在考虑工程造价和施工工期等要求的前提下，在高架区间内应尽量采用几种统一的跨径、统一的梁型，以方便施工，节省投资。

城市轨道交通高架桥梁与一般城市高架道路不同，除了要保证车辆运行安全外，还要满足乘客舒适度的要求。这就需要车辆的竖向、横向摆动要尽量小。同时，高架线路从市区穿过时，由桥梁振动、桥上线路振动引起的噪声要尽量小。桥梁在跨越市区干路时对现有交通的干扰要尽量小，并需注意与周围景观的协调。这些特点决定了桥梁形式的选择与一般铁路、公路桥梁不同，其不同点归纳起来有以下几点。

（1）桥上铺设无缝线路及无砟轨道结构，因而对结构形式的选择及上、下部结构的设计造成特别的影响。

（2）城市轨道交通特有的接触三轨以及直线电机系统所特有的感应板等桥面系布置及接口关系。

（3）桥梁上行驶的列车运行速度非常快，一般时速可达 80~110km/h，并且列车的运行密度较大，不容易叫停，桥梁一旦出现质量问题，维修时间会相当短，这就要求桥梁在建设时要格外注重质量。

（4）桥梁一般建设在城市或城市边缘，因为其特殊的建设地点，所以它对施工工期和环保的要求比较高，并且在建设过程中最好不要影响城市交通，另外还要求桥梁的建设对城市景观不要造成很大影响。

（5）在桥面结构形式上，由于直线电机系统的特点，桥面布置有其特殊之处。人行道（紧急疏散通道）、栏杆、灯杆、声屏障、电缆槽等也设置在桥上。

为了保证列车运行的安全性和旅客乘坐的舒适度，城市轨道交通高架桥梁应具有足够的抗弯、抗扭刚度以及良好的整体性与耐久性。这是桥梁设计选型的基本前提。

高架桥梁的选型内容主要包括上部结构体系、经济跨度、梁体截面形式和下部结构形式的选型。基础虽在一定程度上受到梁部和墩柱形式的影响，但主要还是由地基情况确定，比较单一。

轨道交通高架桥梁结构形式的选择，应结合城市环境和工程地质条件，从景观、经济、功能、施工、占地和工期等方面综合考虑确定，其基本原则包括如下几条。

### 1、与周围城市景观协调

一座桥梁，尤其是城市高架桥梁，有使用和观赏两方面功能。从使用功能的角度而言，桥梁是工程结构物，它具有跨越障碍和承受交通荷载的功能；从观赏功能的角度而言，它又应是一件建筑艺术品。可以说，桥梁是工程技术与人文艺术和谐的统一体，它的美可以通过桥梁造型的技术手段得以实现。一座造型优美、雄伟壮观的桥梁，既显示出一个国家的先进技术与生产工艺水平，更反映出时代精神和当代人们的创造力。

结构的造型和美学处理常会对桥梁建筑的成败起到关键的作用。因此，轨道交通高架桥梁的设计必须与周围城市景观相协调。根据桥梁建筑艺术的基本原则和美学观点，高架桥梁与城市景观的协调包括以下几方面内容。

（1）桥梁与周围环境的融合。城市轨道交通高架桥梁的景观要求较高。这是因为，轨道交通是城市交通体系中的骨干系统，往往被置于城市的显著位置，人们在享受轨道交通带来的便捷出行服务的同时，也对高架桥梁提出了较其他交通系统桥梁更高的要求。总体上讲，高架桥梁应注意梁体与墩身的形体搭配、桥高与跨度的比例协调，桥梁造型与周围城市建筑及环境相适应、相融合，成为城市自然环境整体中的一个协调部分。

对于不同的桥梁规模，美学处理手段是不同的，其原则是与周围的环境相协调，创造和谐美。规模宏大的大型桥梁本身就是环境中的主要景观，在设计时要以桥梁为主体来进行美学处理；而规模一般或更小的桥梁就可以看作环境中的一个装饰因子，在对其进行美学处理时要结合周围的大环境，营造出与环境相协调的氛围。较为普遍的情况是，采用适当处理手段，使桥梁与环境融为一体，自然和协调中也包含着对比。

作为城市的永久性建筑之一的城市轨道，总被人们赋予更多的期望，比如人们期望城市轨道不但不妨碍正常交通又希望城市轨道设计美观。但是限于城市轨道长、窄、平的特点，总是很难达到人们的全部期望。因此在实际设计规划时，工程人员更注重的是城市轨道的实用性能和简洁性。值得一提的是，在保持整体协调的前提下，大型桥梁应该比较注重线条的设计，用鲜明的手法，在大范围内表达出桥梁的特色；小型桥梁可以将侧重点放在质感和色彩上，在配合正体环境美观的基础上，突出桥梁自身的存在感。如在北京、上海、广州等发达城市，城市用地比较紧张，城市轨道两侧高楼林立，所以桥梁在设计时要尽量使色彩暗淡、造型柔和，以弱化视觉效果。而在中小型城市，道路两侧视野相对开阔，宜采用有力度感和色彩鲜艳的造型，引起人们的注意。

（2）桥梁造型比例适当，匀称和谐。如果设计师在设计一座桥梁时是结合周围环境，严格按照力学原理进行设计的，那么设计出来的桥梁造型也必然是简洁、和谐的。根据主从原则，再设计桥梁造型时，我们将大型多跨的连续梁桥的主跨部分为"主"，边跨部分作为"从"，并依据对称法则，以桥梁的中轴左右对称设计，以达到主次分明、对称和谐的美感。另外，在设计时，还要注意的一点是：处理好局部与整体的关系，避免突兀。

根据桥梁美学的研究，桥梁整体比例关系对人们视觉有较大的影响。按照人们的审美习惯，梁高与桥梁高度的适宜比例为 1：4～1：5；桥梁高度与跨度之间的适宜比例为 1：2.5，因此对于跨度 25～40m 的高架桥梁，桥高宜控制在 10～14m 的范围；桥墩纵向宽度与梁高的适宜比例为 1：1.6。

在高架桥梁造型设计上，须注意结构的秩序感和韵律感，避免造型上的单调。在满足上述一些比例关系的前提下，桥梁应尽量选用大跨度，这有助于提高视线的通透性，减轻人们视觉心理的压抑感。

（3）桥梁造型结构简单，线条流畅。桥梁是工程技术与人文艺术和谐的统一体，其美可以通过桥梁造型的技术手段得以实现。自然的桥梁造型结构既是力的合理表达，也是美的优雅呈现。现代社会人们都追求简洁的风格，在桥梁设计时，设计人员也将这一风格完美地运用到了桥梁造型上，采用了连续和明暗搭配等手法增强和渲染结构的连续感，使桥梁从造型上展现出一种明快有力的流线美。

### 2、与当地人文景观相和谐

不同的地区，会有不同的文化背景和风俗习惯。在设计高架桥的造型时，除了考虑与周围城市景观的协调外，还应将当地的人文景观和当地的建筑风格考虑进去。这里的建筑风格是指通过建筑的形态和整体特点所展现出来的具有时代感和民族特性的建筑构思。在设计桥梁风格时，要避免因过度追求民族性而将各种民族特色牵强地都设计在一架桥梁上；也要避免因追求简易而完全忽视对桥梁的艺术设计，从而使桥梁失去了质量和美感的统一。桥梁设计时，还应注意的一点是，部分细节的处理要符合桥梁的整体构型和整体风格，设计师一般采用简洁的艺术处理手段来达到良好的美学效果。

我国是一个历史悠久、幅员辽阔的大国，每个城市在历史的长河中都积淀了独特的地域特征，拥有千差万别的风土文化，因此，设计师在设计桥梁构型和风格时，必须充分注意和尊重这种差别。例如，江南地区以柔美著称，因此在选择桥梁造型上就应该多考虑斜腹板箱梁，配上大圆弧倒角的独柱矩墩或双柱圆墩，以体现江南的轻巧柔和；而提起西北城市，我们想到的更多的是豪迈、豁达，因此在桥梁选型时，应多采用直腹板箱梁，配以独柱矩墩（不倒角），以体现西北地区刚直的人文特征。

### 3、经济合理

轨道交通高架桥梁绵延几千米，甚至几十千米，占高架轨道交通工程建设投资的很大份额，因此高架桥梁的经济性非常重要。一般在高架线路设计过程中都要对高架桥梁进行技术经济综合比较。

高架桥形式的确定会受到经济指标的影响，经济指标常在纵向上限制了桥梁跨长。我们都知道，大跨度的桥梁看上去更具有流线型，也更加轻盈、美观，因为受到经济指标的限制，高架桥的跨度通常达不到理想值。高架桥的经济指标一般体现在以下两方面：

（1）经济跨度。通常情况下，经济跨度受到地质情况的限制，也与规模化生产有关。对于采用箱形截面、支架现浇法施工的高架桥，如在上海，经济跨度通常为 30m 左右，而在西安则为 25m 左右。

（2）结构体系。结合城市轨道交通桥梁的特点，长距离高架桥应选择尽量简单的结构体系，应优先选择简支结构和连续结构。

此外，从经济性要求出发，梁型宜尽量选用箱形梁，桥墩宜尽量选用正方形或长方形截面。

### 4、施工方法力求先进、快速

施工也是桥梁结构形式选择的一个重要依据。由于城市轨道交通系统处于人口密集的区域，道路交通繁忙，高架桥梁的施工应尽可能减少对现有交通的干扰，避免对人们的出行造成过大影响。

以往我国轨道交通高架桥多采用现浇法施工，由于运输、架设设备方面的问题，施工方法受到限制，施工速度慢。例如，对于跨度 30m 的简支箱梁，双线每孔重约 320t，单线每孔重约 150t，而当时缺少适合的运输、吊装设备，无法采用预制吊装法施工。随着施工技术的进步和装备的改善，这一状况已得到改观。在广州地铁 4 号线、上海地铁 9 号线、北京首都机场线都采用了预制吊装架设的工法。

无砟轨道结构对桥梁变形有严格的要求，为了减少后期施工或者轨道投入使用后的轨道变形，一般要在桥梁施工完毕一段时间后，才能进行承轨台的施工。对于跨度不大于 30m 的简支梁，在保证质量的前提下，合理安排施工顺序以缩短工期、降低工程整体的造价，宜采用先进的预制吊装法进行施工。随着我国时速 250km/h 的客运专线、时速 300km/h 的京沪高速铁路的启动和京津城际铁路的建设，铁路系统已成功研制了 MZ32 移动模架造桥机、3BM2600 型架桥机以及适合不同条件下提、运、架配套的 900t 级架桥机、胎式箱梁运输车等专用设备和相关施工工艺和方法。新研制的架桥机和运梁车均实现了机、电、液一体化，以及无级调速等新技术。为满足特殊地段采用桥位处移动模架制梁的施工要求，铁路系统研制了上承式和下承式 1600t 级的移动模架，可完成 32~40m 双线整孔箱梁的桥位制梁。随着城市轨道交通的发展，这些设备和方法也会转向城市轨道交通高架桥梁的建造施工。

## 二、高架桥梁结构形式

轨道交通高架桥梁可采用的结构形式较多。城市常用跨度高架桥梁的上部结构多采用简支和连续两种梁式体系；梁体的断面形式主要有多片式 T 形截面梁、箱形截面梁、钢—混凝土结合梁、槽形梁等四种；下部结构的主要形式有 T 形墩、倒 T 形墩、Y 形墩、单柱墩、双柱墩五种。

### （一）结构体系

桥梁体系按照受力特点可分成简支、连续和悬臂三种基本类型。根据轨道交通的特点以及整体道床和无缝线路的要求，多采用简支或连续体系，在特殊地段（跨河流、山谷地段）也可采用悬臂体系。

### 1、简支梁体系

简支梁可以做成标准跨径的预制装配式结构，具有结构简洁、受力明确、施工简单、工序少、易于维修等特点。容易做到设计标准化、制造工厂化、施工机械化，有利于控制整体质量，缩短施工工期，是目前最常用的一种结构体系。

目前，在城市轨道交通高架桥的建设中，简支梁是最常用的一种结构体系。上海轨道交通 M3 线、北京地铁八通线和首都机场线、重庆轻轨较新线一期、武汉轻轨 1 号线、广州地铁 4 号线高架区间均采用了简支梁结构。与连续梁相比，简支梁的优势有以下三方面。

（1）简支梁结构的支座布置为一端固定，一端活动，在同一个桥墩上只有一个固定支座，各墩受力均匀，因此下部结构可做到最大限度的优化。

（2）简支梁结构的耐久性比连续梁好。城市高架桥在实际的施工建设和使用时，供电系统对上部结构的电腐蚀一直以来都是一个不容忽视的问题，电腐蚀严重时会威胁到高架桥的使用安全性。连续桥梁为了减弱电腐蚀作用，在轨道和桥面间采用了防迷流设计，但因为连续梁的预应力筋在中支点负重矩处距离桥面一般只有 10cm 左右，受到电腐蚀的概率还是比简支梁结构大得多。因此，从结构的耐久性讲，简支结构较连续结构更为合理。

（3）简支梁可以做成标准跨径的预制装配式结构，有利于机械化施工，以便缩短建设工期。对于高密度的城市交通，简支梁在运营后期的维修养护甚至换梁都十分方便。与之相比，连续梁的维修影响面则比较大。

## 2、连续梁体系

连续梁体系为超静定体系，具有动力性能好，结构整体刚度大，竖向变形小，有利于改善行车条件的优点。与简支梁相比，其结构受力更为合理：①在相同梁高时有更大的刚度和更好的平顺性；②在相同刚度条件下能使梁高降低或具有更大的跨越能力；③在较大跨度桥梁中应用能体现经济性。此外，连续梁还具有线条流畅、景观效果好的优点。

广州地铁 4 号线、北京地铁 13 号线均采用了连续梁体系。但连续梁受力较简支梁复杂，下部结构的设计受墩柱刚度的影响很大，其固定墩的截面和桩基的尺寸相对于中间墩要大。另外，现场工序较多，对支点不均匀沉降敏感等，这些都限制了它的应用。而且连续结构水平纵向位移较大，伸缩缝构造复杂，增加了轨道运营维护工作量。

## 3、其他体系

除了上面两种常用的基本结构体系外，城市轨道交通高架桥梁还采用其他一些结构体系，包括拱桥、斜拉桥以及各种组合体系。例如，北京地铁 5 号线立水桥—立水桥南站高架区间第二联跨越河流时就采用了预应力混凝土曲线斜拉桥，其主梁全长 209.90m，其中主跨部分长 107.95m，边跨部分长 101.95m。主梁为单箱双室预应力混凝土结构，梁高 2.6m；主塔为钻石形结构；斜索为空间扇形密索体系，采用 $\Phi 7$ 平行钢丝斜拉索。全桥共 56 根斜拉索，梁上索距 7m，最短索长 29m，最长索长 113m。

在城市轨道交通系统中，对高架区间的一般地段采用简支梁、连续梁体系或连续刚构（悬臂）体系，对于特殊地段及跨越道路、桥梁、河流的大跨度桥梁可采用拱桥、斜拉桥或各种组合体系等。

## （二）梁体截面形式

### 1. 多片式 T 形截面梁

多片式 T 形截面梁是梁式桥中一种应用广泛的结构形式。它构造简单，容易设计成为各种标准跨径的装配式结构，因此在国内外普通铁路、高速铁路、城市轨道交通高架桥梁中都有应用。多片式 T 形梁在分片架设后还可将横隔板和桥面通过施加横向预应力连成整体，这是铁路上的通常做法。根据双线轨道桥梁的桥面宽度要求，对于 T 形梁来说，可以采用 4~6 片的设计。

北京地铁八通线采用了跨度 25m 的预应力混凝土 T 形组合梁作为标准

梁，图 5-3 为其截面图。

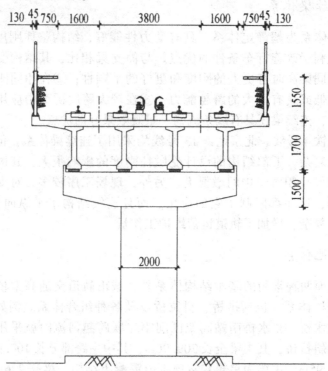

图 5-3　北京地铁八通线 T 形组合梁横截面图（单位：mm）

多片式 T 形梁桥外观繁杂，整体性与结构耐久性差，列车荷载作用下的动力性能也不够理想，而且成桥后梁体混凝土收缩徐变上拱较大，造成无砟轨道线路平顺性不易调整。

## 2. 箱形截面梁

目前，国内外城市轨道交通高架线路普遍采用的梁部结构形式是箱形截面梁。箱形梁架设后，无后续工作，可以立即作为运梁通道，加快了预制构件的运输、架设速度。但箱形梁重量大，桥面宽，需具备重型架桥设备，此外，由于需要在箱内检查、维修，梁高不宜太低，因此，箱梁的跨度不能太小，适用跨度为 20~40m。

根据不同的设计需要，箱梁可以采用单箱单室、双箱单室及单箱双室截面。腹板形式又有直腹板和斜腹板两种。

采用斜腹板与直腹板的区别主要在于，斜腹板可减小下部结构的工程量，外观上也较直腹板箱梁更为美观。但模板设计及梁体钢筋的绑扎较直腹板困难。

　　温哥华空中列车的线路多为高架桥，因线路曲线半径小、坡度变化大，采用单室小箱梁能较好地适应线形的变化，与车站结构的衔接也较为容易。因此，空中列车的高架桥多采用单室双箱梁或单室单箱梁，一线一箱（图 5-4、图 5-5）。

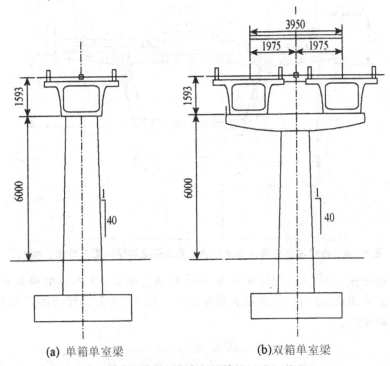

(a) 单箱单室梁　　　　　　　　(b)双箱单室梁

**图 5-4　温哥华空中列车高架桥箱梁形式（单位：mm）**

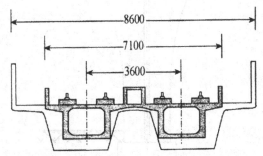

**图 5-5　空中列车高架桥单室双箱梁截面图（单位：mm）**

　　马来西亚吉隆坡格兰那再也线高架桥采用节段拼装的单室单箱梁，预制轨枕板整体道床，但双线荷载均由一个单室单箱梁承担，如图 5-6 所示。

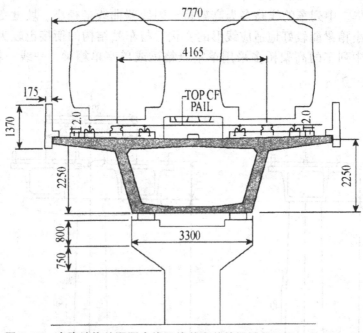

图 5-6　吉隆坡格兰那再也线双线单室单箱梁梁断面图（单位：mm）

　　大连地铁 3 号线高架桥采用双室单箱梁，图 5-7 为标准梁截面。图 5-8 为北京地铁 13 号线高架桥标准梁截面。图 5-9 为已建成的广州地铁 4 号线的高架桥。

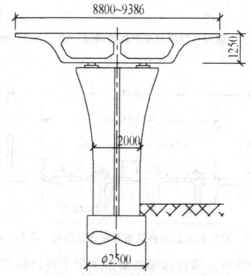

图 5-7　大连地铁 3 号线高架桥标准梁截面图（单位：mm）

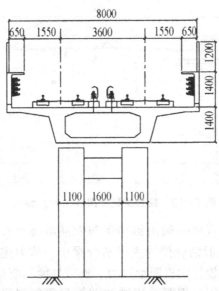

图 5-8　北京地铁 3 号线高架桥标准梁截面图（单位：mm）

图 5-9　广州地铁 4 号线高架桥

## 3. 钢—混凝土结合梁

结合梁是继钢结构、混凝土结构之后兴起的一种组合结构，其自重轻，能充分发挥钢和混凝土两种不同材料的优点，具有抗震性能好、施工便利、抗疲劳性强、减少养护等特点，特别适合于城市高架桥梁跨越交通繁忙的干路地段，如图 5-10 所示。

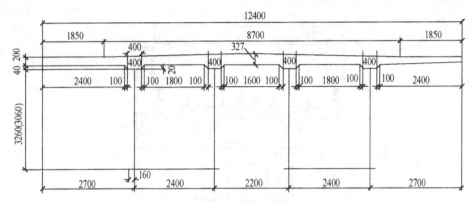

图 5-10　结合梁截面图（单位：mm）

高架桥梁中的结合梁一般由钢箱梁与钢筋混凝土板组成，截面形式以双箱形格式梁和单箱形结合梁为主。结合梁中，剪力连接件非常重要，对其焊接工艺及受压区栓钉的极限承载力、疲劳性能均应认真考虑。

连续结合梁负弯矩区需要采用增加配筋和限制裂缝竞度的方法进行处理，也可采用施加预应力的措施。

箱形梁由两个开口箱梁组成，箱梁内部设横隔板，在两片箱梁间采用箱形横梁连接，传剪器有马蹄形传剪器、栓钉传剪器等。

### 4. 槽形梁（U形梁）

槽形梁是一种下承式受力结构。列车的轮重荷载通过轨道传递至槽形梁底板，底板将荷载横向传至两侧纵向主梁，因此，主梁一般配三向预应力体系。

英国早在1952年建造的罗什尔汉跨度48.6m单线铁路桥就采用了这种结构形式。其后比利时高速铁路阿布尔高架桥等采用了简支或连续的槽形梁形式（图5-11）。我国的铁路线上也建造了几座节点式的槽形梁。在轨道交通领域，智利圣地亚哥地铁3号线采用的双U形式槽形梁，也已投入运营（图5-12）。

阿联酋迪拜正在建造的轨道交通包括红线和蓝线，总长74.5km，其中高架桥长59.9km，共设37个高架车站。高架桥采用U形断面的节段预制梁，现场拼装施工（图5-13、图5-14）。跨径17～72m，其中跨度大于44m的梁采用变截面，共计20000个桥面板预制构件，1500个墩帽和桥墩，墩高0～18m。桥梁上部结构采用C50～C60混凝土，下部结构采用C40～C50混凝土，普通钢筋采用强度为460N/mm²高强螺纹钢筋，预应力采用了直径15.24mm、强度1860N/mm²的钢绞线。

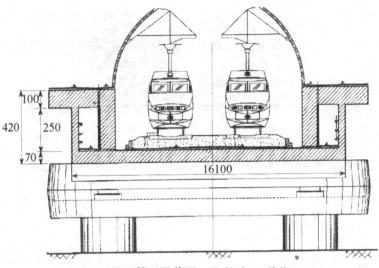

图 5-11　单 U 槽形梁截面（比利时）（单位：mm）

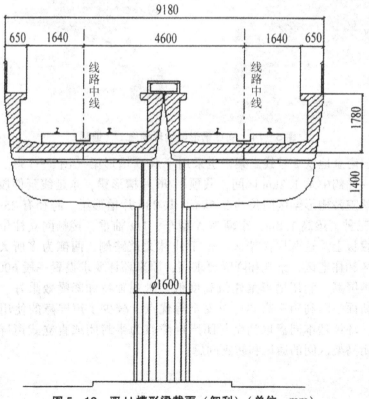

图 5-12　双 U 槽形梁截面（智利）（单位：mm）

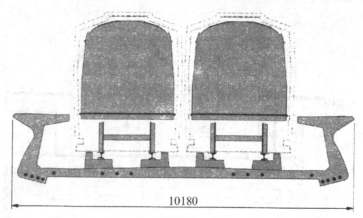

图 5-13　单 U 槽形梁截面（迪拜）（单位：mm）

图 5-14　单 U 槽形梁的现场施工（迪拜）

　　我国南京地铁 2 号线高架桥也采用了双 U 槽形梁（图 5-15）。东延线仙鹤门—仙鹤中站 1.2km 区间，共预制 96 片槽形梁；东延线延伸段仙鹤东—体育学院站槽形梁区间长约 3.5km，共 286 片槽形梁。跨径有 25m、26m 和 18m 三种，梁高 1.8m，车辆为 A 型车，16t 轴重，接触网立柱位于槽形梁外侧腹板上。这两段高架区间位于仙林大道路侧，两侧为多所大学、中心商务区和住宅区，景观和降噪要求高，原来环评要求设置一段 600m 长的全封闭声屏障。利用槽形梁建筑高度低、景观独特和降噪效果好、综合造价低、断面空间利用率高和行车安全等优点，减少了声屏障的使用范围和使用量，环评基本同意取消全封闭声屏障改为半封闭或直立式声屏障，解决了封闭高架区间的通风和防灾问题。

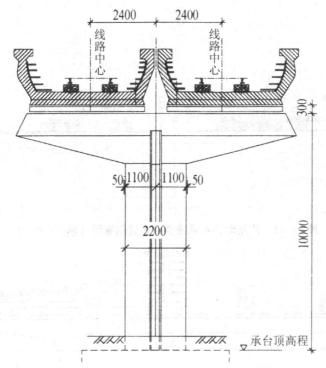

**图 5-15 南京地铁双 U 槽形梁截面（单位：mm）**

# 第二节 直线电机轮轨交通高架桥梁的桥面构造

直线电机轮轨交通高架桥梁的桥面构造与常规轨道交通高架桥梁的不同之处在于前者的桥面铺设有直线电机转子感应板。感应板铺设在两轨之间，用大阻力扣件固定在轨枕或板式道床上。感应板多为Ⅱ形断面，材质为钢铝复合板。

图 5-16 为广州地铁 4 号线桥面布置图。桥上布置双线，线间距为4.0m。桥面上设有紧急疏散平台，宽 900mm，用作紧急情况下的乘客临时疏散通道。紧急疏散平台一般设在桥面中央，亦可设在两侧。桥面两侧设850mm 高的挡板，挡板内侧设有强电电缆、弱电电缆、维修照明灯、轨道板结构、接触三轨或接触网及其支柱等。桥面设防水层，并设从两侧到中央的 1%排水坡。

桥面系统除上述部分以外，设计中还会涉及防杂散电流、防雷击等设施。图 5-17 为防杂散电流构造示意图。图 5-18 为防雷击构造示意图。

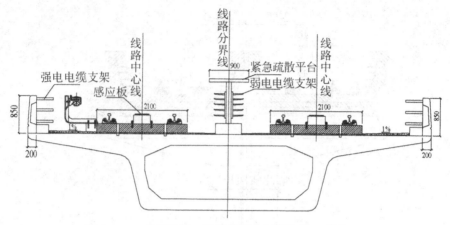

图 5-16　广州地铁 4 号线桥面布置示意图（单位：mm）

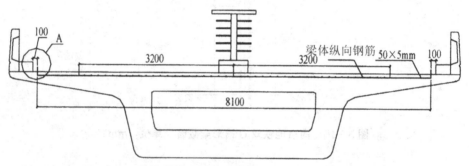

图 5-17　防杂散电流构造示意图（1:25）（单位：mm）

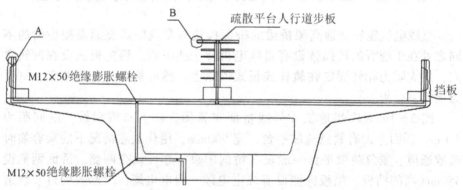

图 5-18　防雷击构造示意图（引向桥墩处）（1:50）（单位：mm）

# 第三节　轨道交通高架桥梁设计

按照相关桥梁设计规范，梁部设计除进行静力指标验算外，还应综合考虑机车车辆、线路、桥梁的共同作用进行动力设计，根据车辆的运行安全性与乘坐舒适性指标、桥梁动力响应限值等控制桥梁的竖向、横向刚度。

## 一、主要技术参数

设计原则及技术参数应参考相关规范进行，主要技术参数包括：

（1）线间距。双线并行高架桥区间一般在两线间设一定宽度（800~900mm）的紧急疏散平台，最小线间距应综合考虑不同车辆的限界要求确定。

（2）桥面宽度。桥面宽度根据限界、轨道、通信、信号、供电等设备专业的要求确定。直线上，单线桥桥面宽多在5.2m左右，双线桥桥面宽在8.6~9.5m；曲线上需根据曲线要素与限界要求进行线间距与曲线加宽。

（3）设计活载。应根据所选车型确定相应的轴重、轴距。

（4）横向摇摆力。设计中，横向摇摆力取100kN作为一个集中活载作用于桥梁结构最不利位置，作用点在垂直线路中心线的钢轨顶面。

（5）梁体竖向挠度。列车静活载作用下梁体的竖向挠度应不大于计算跨度的1/2000。

（6）梁体水平挠度。在列车离心力、横向摇摆力、风力和温度力的作用下，梁体的水平挠度应不大于计算跨度的1/4000。

（7）徐变上拱度。轨道铺设后，梁体徐变上拱值不宜大于1cm。

## 二、设计特点

轨道交通高架桥梁设计与一般的市政桥梁设计不同，它更接近于铁路桥梁的设计，但也有一些差别。

轨道交通高架桥梁与一般市政桥梁设计的主要不同点如下。

（1）设计方法不同。轨道交通荷载模式更接近于铁路荷载模式。轨道交通桥梁采取与铁路桥梁设计相同的容许应力法设计，而一般市政桥梁则按极限状态法设计。

（2）对梁体的刚度要求较高。一般市政桥梁设计要求梁体在使用荷载作用下的挠度限值大致在L/800~L/600之间，而轨道交通高架桥梁的限值要求在L/2000~L/1500之间，几乎是市政桥梁限值的一半，体现在实际工程中就是轨道交通高架桥梁的梁高比市政桥梁梁高要高。

（3）对梁体的后期徐变拱度要求严格，一般要控制在10mm以内。所谓后期徐变拱度，就是在轨道结构施工完毕后梁体由于徐变而产生的残余拱度，对于预应力混凝土结构，后期徐变拱度一般是向上的。对后期徐变拱度规定限值，主要是考虑轨道扣件可调量的限制，如果后期徐变拱度过大，超过了扣件的可调量，将导致运营期间轨道标高无法达到设计要求，增加线路不平顺，影响运营质量。而一般市政桥梁对此没有限制。

（4）对于固定区桥墩墩顶纵向水平线刚度的限值较严格，这里所指的桥墩墩顶线刚度包括由墩身和基础组成的综合刚度。城市轨道交通高架桥梁一般都铺设无缝线路，且大多采用无砟轨道结构，钢轨和梁体成为统一的整体。梁体结构在温度变化、竖向活载及牵引力、制动力作用下出现的位移和变形会使钢轨产生附加应力，即梁轨相互作用力。钢轨产生附加应力的大小，在很大程度上取决于桥墩的纵向水平线刚度，过大的附加应力甚至会使钢轨断裂，从而影响行车安全，因此需要对桥墩纵向水平线刚度进行限制。对跨度20~40m的双线桥梁，其限值为200~400kN/cm。一般市政桥梁没有明确规定此限值，只是规定了水平力作用下墩顶水平位移的限值，实践证明，此规定要比纵向水平线刚度规定宽松得多。

## 三、高架桥梁结构体系方案选择

轨道交通高架桥梁的设计要求，除和一般桥梁相同外，尚需注意选择最小的建筑高度，以减少桥长和引道的长度。其轮廓尤其是墩台的轮廓要设计得轻巧并与周围环境相协调。墩台位置和基础形式需配合城市地下管线的布置，尽可能地减少拆迁工作量。

桥上的安全设施应认真对待。车行道两侧要设置可靠的防护装置，以防车辆越界撞击造成事故。桥上照明需不妨碍邻近居民，噪声和污染程度应降至最小。桥上排水需引至城市下水道中汇集，而不能任其自然溅落地面。

### （一）经济跨度选择

桥梁跨度选择应综合考虑工程地质、城市环境、施工条件和投资能力等各方面因素，本着结构合理、安全美观、经济适用的原则，认真做好技术经济综合比选。

（1）主要材料单位面积造价指标。根据铁路和城市轨道交通桥梁建设经验，高架桥的经济跨度都在40m以下，尤其以25m、30m为主型跨度。广州地铁4号线曾对25m、30m、40m三种跨度进行了综合比较，仔细分析了各种跨度的高架桥在城市道路跨越能力、上下部结构的相协调能力、与施工机具相适应能力及综合造价指标等方面的比较，桥长1km区间的各主要材料用量平方米指标的比较见表5-1。

（2）不同跨度梁的高架桥综合造价分析。对三种跨度高架桥梁的土建工程费用指标进行分析估算，并确保估算的条件相同，结果见表5-1。

表5-1　不同跨度梁的主要材料平方米指标比较

| 跨度（m） | 混凝土（m³/m²） | 钢绞线（t/m²） | 钢筋（t/m²） | 土建工程费用（元/m²） |
|---|---|---|---|---|
| 40 | 0.697 | 0.0326 | 0.112 | 3152 |
| 30 | 0.593 | 0.0277 | 0.094 | 2997 |
| 25 | 0.546 | 0.0255 | 0.087 | 3106 |

从表5-1中几种跨度梁的比较可以看出：在综合评价方面，跨度为30m和跨度为25m的桥梁比跨度为40m的桥梁要更有利；而30m跨度的桥梁和25m跨度的桥梁相比，各项材料指标都基本相似，但是30m跨度的桥梁要比25m跨度的桥梁土建工程费用省；与25m跨度的桥梁相比，30m跨度的桥梁具有更好的跨越能力，在经过规划后，可以营造更通透的桥下视野。根据以上的对比可知，跨度为30m的桥梁综合指标最好，因此最终选定以30m作为标准的桥梁跨度，以25m跨度为辅助跨度。

## （二）梁体截面形式选择

在确定采用简支梁体系的前提下，选择T形组合梁、鱼腹形箱梁、双箱组合箱梁、单箱整孔箱梁和槽形梁五种截面进行了比较，见表5-2。

表5-2　区间桥综合比较

| 项目 | T形组合梁 | 鱼腹形箱梁 | 双箱组合箱梁 | 单箱整孔箱梁 | 槽形梁 |
|---|---|---|---|---|---|
| 景观 | 显得凌乱 | 比较美观 | 不失美观，较简洁 | 整体性好，简洁美观，技术成熟 | 腹板很高，梁体显得庞大 |
| 受力性能 | 刚度小，动力性能最差 | 刚度一般，动力性能较差 | 刚度大，动力性能较好 | 刚度大，动力性能最好 | 刚度小，抗扭性能最差 |
| 经济性 | 0.95 | 1.3 | 1.0 | 1.15 | 1.4 |
| 适宜施工方法 | 单片梁预制吊装，后灌桥面 | 现浇或节段拼装 | 单箱梁预制吊装，后灌桥面混凝土 | 预制架设、节段拼装及现浇 | 现浇 |
| 建设经验 | 铁路大量应用 | 仅公路少量应用 | 技术成熟 | 客运专线、轻轨高架桥大量应用 | 铁路试用过，但轻轨尚需经验 |

由表5-2可以看出，箱形截面是曲线梁的最优选择。闭合截面结构具有抗扭刚度大、整体受力性能好等优点，并具有良好的动力性能，收缩变形数值小。顶板和底板都具有较大的面积，易满足配筋要求。此外，箱形截面外形简洁，各视面平整，线条流畅，与多种墩形均能搭配，适用于区间直线段、曲线段及渡线段，是一种广泛采用的高架桥梁结构形式。

T形梁具有轻便、易吊装、抗弯性能好的优点。我们知道，T形组合梁是多片T形梁通过横隔板相互连接而组成的桥梁，彼此相连的T形梁之间还需要横向预应力的存在。T形组合梁的另一个缺点是结构相对复杂，现场施工时需要的工作量较大。在选择截面形式时，应充分考虑桥梁长度、工期长短、地基情况与环保等方面的要求。

鱼腹梁外形流畅，整体性能好，在梁高较低时形状扁平，若配以独柱墩，则桥下通透，对视线阻碍小。但对于轨道交通高架桥梁来说，由于桥面较窄，鱼腹梁外形接近桶状，反而给人一种笨重的感觉。另外，鱼腹梁的结构及模板制作均较复杂。

结合我国桥梁的使用情况，通过上面对各种梁型的综合比较可知，在城市轨道交通建设中一般会采用结构相对简洁，施工量相对较小，经济成本相对较少的单箱整孔箱形桥梁。

设计工作者为了达到更和谐的视觉效应，在选定了单箱梁作为桥梁设计的主要形式之外，又对具体的几种桥梁形式进行了详细对比，比较结果见表5-3。

表5-3 箱梁腹板形式比较

| 项目 | 斜腹式箱梁 | 鱼腹式箱梁 | 直腹板箱梁 |
| --- | --- | --- | --- |
| 景观效果 | 较好 | 线条优美 | 较差 |
| 技术经济性 | 1.05 | 1.12 | 1.0 |
| 施工难度 | 一般 | 较难，要求高 | 简单 |
| 适用性 | 变宽度，变高度 | 变宽度，变高度 | 变宽度，变高度 |

鱼腹式箱梁曾在我国几个城市的市政道路高架桥上应用，如上海沪闵路高架桥、上海市中环纹水路高架桥、南京大桥南路高架桥及柳州飞鹅路立交桥等。其中，除上海市中环纹水路高架桥采用节段拼装外，其余均采用支架现浇或移动模架现浇。由于I形组合梁在正弯矩段布束偏高，对抵抗正弯矩很不合理，造成鱼腹形截面箱梁结构不经济。

经过综合比较，广州地铁4号线采用斜腹板、大悬臂箱梁，如图5-19

所示。

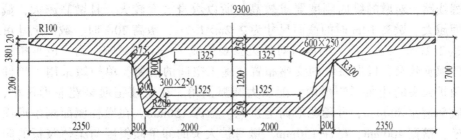

**图 5 - 19　广州地铁 4 号线斜腹板、大悬臂箱梁截面（单位：mm）**

## （三）下部结构形式的选择

桥墩是轨道交通高架桥梁中离人们视线最近的构件，也是对人视线干扰最大的构件，并具有高度重复性，很容易引起人的视觉疲劳。因此，如何改善桥墩的造型，力求体现出力与美的结合，是桥墩景观设计的关键所在。桥墩形式选择应遵循下面的原则。

（1）桥墩的构造首要要符合力学原理，并应具有足够的强度和稳定性，避免在荷载作用下产生过大的位移。

（2）墩台结构的选型一般服从梁部结构，在造型上要与梁部结构相协调，注重桥梁的整体美，既要体现梁体的刚劲和墩身的挺拔，也要与城市周围环境相和谐。

（3）桥墩墩顶的各种设施布置应坚持以人为本的原则，应满足设备维修养护及更换时所需操作空间的基本尺寸要求。

在轨道交通高架桥中，常选用的桥墩形式有 T 形墩、倒 T 形墩、Y 形墩、单柱墩、双柱墩等。其中单柱墩用得比较普遍，主要原因为：①能较好地配合箱梁，上下部结构协调，景观性很好；②受力合理，比较经济；③占地较少，施工方便、快速；④适应性强，既适于墩高差别较大的情况，也由于横向刚度较大，尤其适于曲线地段。

双柱墩采用两根分离的矩形柱分别支立于左右两个支座底下，在接近墩顶位置设一道横梁。与单柱墩比较，双柱墩结构简单、受力明确，墩身纵向水平线刚度容易满足，但分离的两个墩柱整体性较差，墩顶各种设施的布置空间较小，墩底承台尺寸较大，用料较多。此外，双柱墩外形单一，线条变化少，给人呆滞的感觉。

在桥墩截面形式上，国内高架桥一般采用矩形或圆形桥墩。由于桥上铺设无缝线路，桥墩要求有较大的纵向刚度，因此断面尺寸一般比较大，造成桥墩庞大、呆板的不良视觉效果。

广州地铁 4 号线的桥墩最终设计为单柱墩。因为是双线桥，桥上铺设无缝线路，对墩的纵向刚度要求较高，所以墩身截面较大，且墩高越大，截面越大。墩高 10m 时的截面尺寸为 2.2m×1.7m，墩高 20m 时，截面尺寸可达 2.2m×3.5m。庞大的体量对桥梁景观造成了一定的影响。为了改善桥墩的视觉效果，根据桥墩的支座布置、施工空间的需要，单柱墩采用了带仰角扩大头的花瓶形矩形墩，配以大圆弧倒角。在墩柱正面刻花瓶形深槽，底部槽宽 800mm，并随花形向上扩大，槽深 150mm。在墩柱侧面刻条形深槽，槽宽 400mm，槽深 150mm。墩身扩大头的仰角倾斜度与梁体腹板的倾斜度接近，并连成一线，极大地改善了视觉效果。墩顶设备布置紧凑有秩，在横向两支座之间还设倒梯形凹槽，以保证维修人员有足够的操作空间。通过凹槽和梁端预留的缺口，维护人员可以在箱梁箱体内部和墩顶自由进出。图 5 - 20 是广州地铁 4 号线采用的单柱墩图及照片。

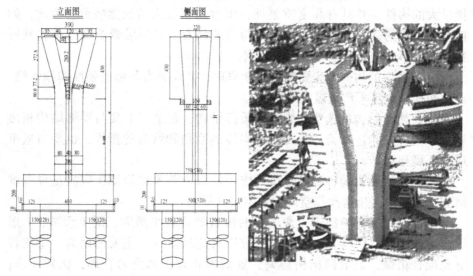

图 5 - 20　广州地铁 4 号线采用的单柱墩（单位：mm）

## 四、施工方案选择

桥梁设计因不同的施工方法而不同，影响施工方法的因素有很多，一般有施工场地条件、道路运输条件、高压线布置情况和施工机具储备条件等。

施工场地条件是制约施工方法的重要因素。轨道交通桥梁一般位于城市主干道上，道路交通流量大，疏解困难。桥梁施工应尽可能减小对既有道路的交通干扰。在这种条件下，用满堂支架现浇法施工显然是不合适的，宜采用预制运输吊装或移动模架施工法。

道路运输条件影响着施工机具、材料设备进出施工场地的便利性。当轨道交通桥梁位于郊区时，时常会经过稻田、菜地、鱼塘等区域，如为修建桥梁而修建一条临时便道，费用相当可观，并且上述区域一般地基条件较差，若采用满堂支架现浇法，则支架地基处理费用巨大且不易恢复土地原有用途，此时宜采用预制吊装施工法。

城郊区的高压线网也是制约施工方法的因素之一。有时高压线净空不高，就不宜采用具有较高施工机具的施工方法，如预制运输吊装法。此时，可改用满堂支架现浇法或移动模架施工法。

目前，国内已经修建了多条轨道交通高架桥梁，大型施工机具也有了一些储备。尽量充分利用现有机具，减少对机具的投资额，提高机具的利用效能，也是建设方通常考虑的因素，这同样影响到施工方法的选择。

经过上述各种比较，最终选定综合评价最优的方案作为推荐方案，对此展开细部结构尺寸拟定和详细的结构计算。

按照尽量采用预制架设的设计思路，广州地铁4号线从技术指标、经济角度对整孔预制架设施工法和节段预制拼装施工法两种施工方案进行了比较。

（1）技术指标比较。根据城市轨道交通高架桥的特点及沿线自然、交通等条件，进行整孔预制架设施工法和节段预制拼装施工法的比较，见表5-4。

表5-4　整孔架设与节段拼装技术指标比较

| 项　目 | 整孔架设 | 节段拼装 |
|---|---|---|
| 质量 | 质量好 | 有节缝，质量较好 |
| 场地要求 | 制梁场地在桥梁工地附近有条件解决 | 制梁（节段）场地可以离开桥梁工地；桥梁工地需要小型存梁场，有条件解决 |
| 预制方法 | 整孔预制，吊装设备要求吨位较大 | 节段预制，吊装设备要求吨位较小 |
| 转运提升设备 | 需吨位较大的转运提升设备 | 当采用梁上运梁方案需转运提升 |
| 运输要求 | 整孔运输，需专用设备，吨位大，运梁车在梁上行驶，对便道要求低 | 节段运输，运输重量轻，当采用桥下运输时需沿线修运输便道 |
| 架设方法 | 整孔架设 | 用专用胶将节段拼成整体，现场张拉预应力并压浆 |

| 项　目 | 整孔架设 | 节段拼装 |
|---|---|---|
| 工期 | 每天架 1.0 孔，架设速度快，工期短 | 每天架设 0.25 孔，工期长 |
| 施工经验 | 有建造长大线路经验 | 无建造长大线路经验 |

（2）经济性比较。选取上海某座轨道交通高架桥，采用不同的桥梁架设方案，对其经济指标进行了比较，结果见表 5-5。

**表 5-5　整孔架设与节段拼装经济指标比较**

| 项目 | 节段拼装方案 | 整孔架设方案 |
|---|---|---|
| 建安费（元/m²） | 3526 | 3204 |

根据上述技术指标和经济指标的比较，可得出以下结论：如果具备线路边设场条件，采用整孔预制架设方法制梁方便、质量好、架设快、工期短并且环保。在这种情况下，梁部采用整孔预制架设方法施工。

## 五、高架桥梁结构计算要点

在桥梁尺寸拟定后，就可对结构进行详细的计算了。对于高架桥梁，计算工作包括梁体结构计算、桥墩结构计算、附属结构计算三部分。

### （一）高架桥梁结构计算的基本内容

#### 1. 梁体结构计算

（1）梁上荷载大小的计算和分布形式的确定。
（2）梁体预应力筋配索计算。
（3）梁体在各种受力状态下的应力和变形计算。
（4）梁体在使用荷载作用下的强度安全系数和抗裂安全系数的计算。
（5）依据设计规范判断梁体结构设计是否可行。

#### 2. 桥墩结构计算

（1）上部结构通过支座传给下部结构的荷载计算。
（2）无缝线路所产生的对桥墩的荷载计算。
（3）下部结构本身所受的荷载计算。
（4）墩身结构配筋设计。
（5）基础承载能力和变形计算。

（6）依据规范判断桥墩结构设计是否可行。

## 3. 附属结构计算

（1）桥梁两侧挡板结构计算。
（2）中间疏散平台结构计算。
（3）防落梁设施承载能力计算等。

## （二）设计荷载

在高架桥梁结构计算中，荷载组合相当重要，因为桥梁并非只受某个方向某种力的作用，而是处于多个方向多种荷载的组合作用。因此，规范规定应进行多种受力工况的组合，一般有主力工况组合、主力+附加力工况组合，组合原则在相应规范中有明确规定。

高架结构的设计荷载分为恒载、活载、无缝线路纵向水平力、附加力和特殊荷载几大类，见表 5-6。

### 表 5-6　高架结构荷载分类表

| 荷载分类 | | 荷载名称 |
| --- | --- | --- |
| 主力 | 恒载 | 结构自重 |
| | | 附属设备和附属建筑自重 |
| | | 预加应力 |
| | | 混凝土收缩及徐变影响 |
| | | 基础变位的影响 |
| | | 土压力 |
| | 活载 | 列车竖向静活载 |
| | | 列车竖向动力作用 |
| | | 列车离心力 |
| | | 列车横向摇摆力 |
| | | 列车活载产生的土压力 |
| | | 人群荷载 |
| | 无缝线路纵向水平力 | 无缝线路伸缩力 |
| | | 无缝线路挠曲力 |

| 荷载分类 | 荷载名称 |
|---|---|
| 附加力 | 列车制动力或牵引力 |
| | 风力 |
| | 温度变化影响力 |
| | 流水压力 |
| 特殊荷载 | 无缝线路断轨力 |
| | 船只或汽车的撞击力 |
| | 地震力 |
| | 施工临时荷载（桥梁施工荷载、轨道施工荷载等） |
| | 运营救援荷载 |

下面分别介绍轨道交通高架桥梁的恒载和活载。

### 1. 恒载

计算结构自重时，一般材料重度按《铁路桥涵设计基本规范》TB 10002.1 规定取值。

附属设施自重（二期恒载）：对于附属设备和附属建筑物的自重或材料重度，可按所属专业的规范标准采用。一般情况下，每线承轨台及线路设备重可按 19kN/m 计，每侧附属设备重可按 15kN/m 计。广州地铁 4 号线线路二期恒载为 76kN/m（双线）。

### 2. 活载

各类轮轨交通高架桥梁的列车荷载计算图式不一定相同。常用直线电机列车的竖向静活载计算图式如图 5-21 所示。

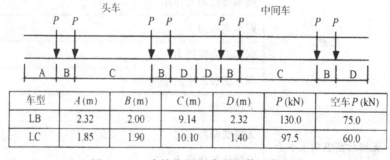

| 车型 | $A$(m) | $B$(m) | $C$(m) | $D$(m) | $P$(kN) | 空车$P$(kN) |
|---|---|---|---|---|---|---|
| LB | 2.32 | 2.00 | 9.14 | 2.32 | 130.0 | 75.0 |
| LC | 1.85 | 1.90 | 10.10 | 1.40 | 97.5 | 60.0 |

图 5-21　直线电机列车竖向静活载图式

广州地铁 4 号线的活载如图 5－22 所示，相当于图 5－21 中的 LB 车型。每列车按四节编组，A 车长 18.37m，B 车长 16.84m，重车轴重为 130kN。

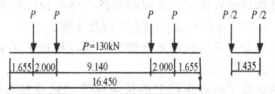

图 5－22　广州地铁 4 号线采用的静活载图式

影响线加载时，活载图式可任意截取，但对影响线异符号区段，轴重按空车轴重计。单线和双线高架结构，竖向荷载按列车活载作用于每条线路确定，不考虑折减。三线及以上的高架结构按以下的最不利情况考虑：①两条线路在最不利位置承受 100% 列车活载，其余线路不承受列车活载；②所有线路在最不利位置承受 75% 的活载。

列车竖向活载包括列车动力作用时，为列车竖向静活载乘以动力系数 $1 + \mu$。其中 $\mu$ 可按现行《铁路桥涵设计基本规范》TB 10002.1 规定的值乘以 0.8 计算，即

$$1 + \mu = 1 + 0.8 \times \frac{12}{30 + L} \tag{5－1}$$

式中，$L$ 为梁的计算跨度（m）。

位于曲线上的高架结构应考虑列车产生的离心力。离心力作用于轨顶以上车辆重心处，大小等于列车静活载乘以离心率 $C$，按下式计算

$$C = \frac{V^2}{127R} \tag{5－2}$$

式中，$V$ 为列车最高计算速度（km/h）；$R$ 为曲线半径（m）。

## （三）构造要求

（1）高架结构应满足乘客紧急疏散的功能要求，桥面疏散平台布置应满足限界要求，并考虑电缆及支架、通信、信号、照明等设备的影响。疏散平台高度应综合考虑景观、车辆地板高度等要求。

（2）桥面应防水层。防水层应选用与混凝土结构黏结性能好、耐腐蚀的材料，优先选用环氧树脂类涂料，也可采用单组分聚氨酯、聚合物改性沥青等涂料；防水层厚度宜为 1.5~2mm。

（3）梁缝处应设伸缩缝。宜采用型钢橡胶伸缩缝，伸缩缝宽度应满足桥梁伸缩量、桥梁施工误差以及道床布置要求。

（4）采用走行轨回流的高架结构应根据《地铁杂散电流腐蚀防护技术

规程》CJJ49—1992 采取防止杂散电流腐蚀的措施。轨道梁、站台梁支座及支座预埋钢板外露部分应有可靠防腐措施。

（5）高架结构应留有检查、维修的条件。墩台顶面应预留更换支座时顶升梁的位置，并应设置排水坡，防止表面及支座处积水。

（6）预应力混凝土梁的封锚及接缝处，应在构造上采取防水措施。管道压浆应采用真空压浆工艺。

（7）北方地区设于路边或路中的桥墩应考虑除冰盐溅射的腐蚀作用，遭雨水导致混凝土水饱和的部位应考虑冻融和盐腐的危害。

（8）高寒地区冬天感应板应考虑电热融雪要求。

（9）地震烈度在 7 度以上的地震区要设置纵向和横向的抗震挡块，以防止地震时落梁。

# 第四节　轨道交通高架车站设计

## 一、轨道交通高架车站的特点

轨道交通高架车站架设于地面之上，乘客必须上行才能到达候车站台。因此高架车站的结构和功能与地面及地下车站不同，要比一般的区间高架桥要复杂得多。它不仅要解决客流的集散、换乘，同时也要解决整条线路行驶中的技术设备、信息控制、运行管理中存在的问题，以保证交通的通畅、便捷、准时、安全。

（1）使用性。城市轨道交通是一种定时快速的公共交通，站间运行速度很快，而到站至发车的间歇时间也极短。因此，车辆线路及车站都必须有明显的特征和标志，以避免旅客误乘和过站。例如，车辆按不同的运行线路标示不同的色带，车站有特殊的造型和不同的色调，在关键部位设有详尽清晰的指示标牌，便于乘客快速做出行为判断，从而引导人们的走向。作为大量客流集散的车站，其内部环境必须体现以人为本的设计原则。

（2）安全性。高架车站是一种架空的工程结构，其安全性、可靠性具有更高的要求。一旦出问题将危及人们的生命。在车站设计上，要给人们带来安全、可靠的保证，如站台、楼梯及疏散通道的宽度及结构强度、稳定性等都必须考虑上下班及节假日乘客过载的情况；设有防灾设施及明确的逃生指示标牌等，使乘客在遇到突发事件时能在安全时间内快速疏散；有条件时，应设置安全门。

（3）经济性。每个国家投入到城市轨道交通建设中的资金都是相当巨大的。就我国而言，平均每千米的城市轻轨交通建设的造价就高达 3 亿～4

亿元，在这些投资中大概有 13% 的资金被投放在了车站土建工程上。正因为车站土建投资所占份额如此之大，所以在设计车站时要注意以下两点：①车站的长度以满足需求为主，杜绝车站建设得过长，以避免造成资源浪费，以减轻后期车站的维护负担；②车站尽量建在地面上，压缩车站架空的高度，以降低造价，节约投资。

## 二、轨道交通高架车站的建筑设计

轨道交通高架车站建筑除了具有地面车站建筑、地下车站建筑等普通车站建筑的一般特点外，还具有自身的建筑设计特点。比如，高架车站的客流大多是城市居民，他们在车站的停留时间都比较短暂，因此高架车站不需要设置过大的候车区域；高架车站的主要职责是疏通客流，保证乘客安全快速的通过。

高架车站是地上架空结构，一般由出入口、通道、站厅、站台、设备及管理用房等组成。站台是乘客上下车的集散场所，一般设在最上层，客流向上经站厅层检票后到达站台层候车。出入口是乘客进入车站的通道，由水平通道、出入口地面厅及行人过街天桥或地下通道组成。站厅由付费区（持票区）和非付费区（非持票区）组成，由检票闸口相连通。设备和管理用房区主要由变电所和通信、信号和消防用房等组成。由于车站是架空的，具有开敞空间的条件，不需设置庞大的空调机房，因而大大缩小了设备用房的面积。

高架车站建筑基本以线状布置，车站位置因线路走向的不同，有设于城市交通干道中央的，也有设于城市交通干道一侧的。高架车站在使用上可从线路走向分为侧式站台候车与岛式站台候车，如图 5-23 所示。

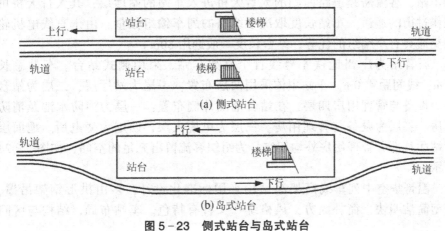

图 5-23　侧式站台与岛式站台

　　侧式站台与岛式站台的优缺点比较列于表 5 - 7。站台形式的确定涉及线路、区间桥梁和车站功能等各项设计，直接影响车站的用地、造价、运营及景观等方面。

表 5 - 7　侧式站台与岛式站台的比较

| 比较项目 | 岛式站台 | 侧式站台 |
|---|---|---|
| 使用性 | 站台面积利用率高，便于调剂客流；乘客中途改变乘车方向比较方便，但有乘错车的可能性 | 站台面积利用率低，不便调剂客流；乘客中途改变乘车方向不方便，但不易乘错车 |
| 站厅设置 | 站厅与站台必须设在两个不同高度上，站厅必须跨越轨道；站厅、站台空间宽阔完整 | 站厅与站台可以设在同一高度上，站厅可以不必跨越轨道；站厅分设时，空间分散，不及岛式车站宽阔 |
| 站台管理 | 站厅不必分设，管理集中，联系方便 | 站厅分设时，管理分散，联系不方便 |
| 改扩建难易性 | 两端线形呈喇叭口，限制了车站长度，改建、扩建时，延长车站很困难，技术复杂 | 两端线形顺直，不控制车站长度，改建、扩建时，延长车站比较容易 |
| 运行及保养 | 喇叭口处为曲线，车辆运行及线路保养较不利 | 轨道为直线，车辆运行条件较好，线路保养方便 |
| 造价 | 车站部分造价较低，两端引线部分造价较高 | 车站部分造价较高，两端引线部分造价较低 |

　　综合比较，轨道交通高架车站一般以侧式站台为主。高架车站一般为 2~4 层，站台层位于结构最上层，与区间高架桥梁等高。设于城市干道中央的车站，客流需经道路两侧的人行天桥进入车站的站厅层，其人行天桥可兼作过街的通道。车站长度取决于线路的列车编组数量，由于直线电机轮轨交通具有小编组的优势，站台长度一般选用 80m。

　　石暮站为广州地铁 4 号线首个高架车站，采用侧式站台。车站总长 75m，线间距 4.0m。车站主体采用两层布置：一层为站厅层，二层为站台层。设备与管理用房四层，在站台范围外侧布置：一层为消防水池及消防泵房，二层为设备与管理用房，三层为电缆夹层，四层为变电所。地面层除站厅及部分管理用房外均架空，为组织客流留出充足的空间，如图 5 - 24 所示。

　　温哥华空中列车线高架车站均采用标准化设计，多由拱形钢架吊撑，造型简洁明快，简朴大方，风格统一又各有特色。车站布局、结构与区间桥梁整体搭配，并与周围建筑相协调。车站整体给人的感觉是简单新颖、功能实用、造价不高，如图 5 - 25（a）所示。车站的出入口形式多种多样，在空间处理上，注意使车站与地面建筑有机地融为一体，如图 5 - 25（b）所示。出入口不仅伸入各条街道、街心花园，还伸入高大建筑物，有效地利用建筑物的底层作停车场及售票厅。

图 5 - 24　广州地铁 4 号线高架车站石暮站

（a）高架车站站台　　　　　　　　　　（b）高架车站出入台

图 5 - 25　温哥华空中列车线高架车站

## 三、轨道交通高架车站的结构体系

### （一）高架车站建桥合一结构体系

高架车站建桥合一体系包括桥梁结构体系和空间框架结构体系两种类型，它们均为 3~4 层的钢筋混凝土或预应力混凝土结构。

桥梁结构体系适用于用地范围小、客流量小、车站体量小的地段。它是在桥梁结构上架设平台形成高架车站，如图 5 - 26（a）所示。这种结构的特点是构造较简单，占地面积小，但其重心在结构的上部，抗震能力较差，设计时要求有较高的刚度和良好的稳定性。

空间框架结构体系适用于用地范围大、车站体量大的地段，可做成双层甚至三层，以利于开发利用。它是由空间框架结构及框架所支撑的连续梁组成，如图 5－26（b）所示。这种体系的整体性好，刚度较高，质量分布比较规则，因此抵抗地震的能力比较强。

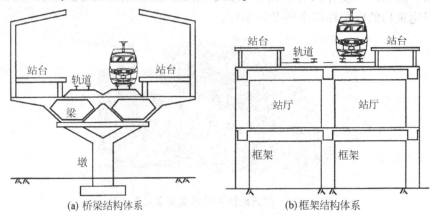

(a) 桥梁结构体系     (b) 框架结构体系

**图 5－26　轨道交通高架车站建桥合一结构体系**

## （二）高架车站建桥分离结构体系

这种体系由两个独立的部分框架和桥梁组成，形成框架与桥梁组合体系，适用于用地范围大的地段。在这种体系中，框架作为建筑物主体，桥梁支撑轨道线路，如图 5－27 所示。由于列车荷载仅仅由桥梁负担，行车部分的梁与普通高架区间的梁相同，并与站台部分的梁板脱开，以防止桥梁振动对车站主体结构产生影响。因此，在这种结构中，列车引起的振动较前两种要小。

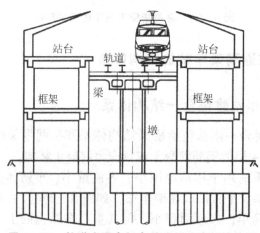

**图 5－27　轨道交通高架车站建桥分离结构体系**

# 第五节　车辆与桥梁动力相互作用分析模型和计算方法

## 一、直线电机车辆动力模型分析

区别于传统的机械传动驱动方式，直线电机列车一般采用全动车编组，它直接利用分别安装在车辆底部及轨道结构上的直线电机（定子）和感应板（转子）之间的电磁力作为驱动力。因此，直线电机列车车辆的动力分析模型也与普通城铁列车有所不同。

### （一）车辆振动的基本形式

在分析车辆动力学时，为了更方便地解释问题，研究者一般会把复杂的多自由度车辆振动系统划分成很多个基本的振动问题。例如，可以将整个车身（或转向架，以下同）视为一个刚体，所以，这个车体的空间位置就可以通过一个三维坐标系来表达，而这个坐标系的原点是车体的重心。通过这种方式表达出来的车体就会有 6 个自由度，如图 5-28 所示。

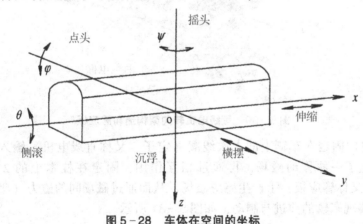

图 5-28　车体在空间的坐标

### （二）电磁力分析

#### 1. 直线电机工作原理

直线电机是由直线运动代替旋转运动产生推动力和制动力的。如图 5-29所示，直线电机的作用原理与一般的旋转式感应电机类似，在结构上，它可看成是将旋转电机沿半径方向剖开并将其圆周拉直，于是其传动方式就由旋转运动变为直线运动，也可视其为拥有无限大直径的旋转型电机。在列车上安装直线电机时，将静止的定子（电磁铁和绕组）安装在车辆的转向架或轮对轴箱上，将旋转的转子（感应板）平铺设置在线路轨道的中间，如图 5-30 所示。

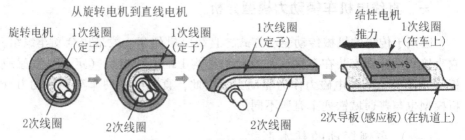

图 5-29　直线电机的工作原理

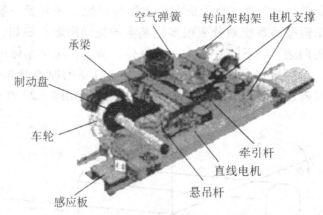

图 5-30　直线电机转向架构造和感应板

通过向固定在车辆上的 1 次线圈（定子，又称直线电机）输入交流电流，产生了一种移动磁场，再通过相互作用，固定在枕木上的 2 次导体（转子，又称感应板）上产生感应磁场，从而通过磁场间的磁力（吸力或斥力）来实现车辆的前进与制动，如图 5-31 所示。

### 2. 直线电机在车辆上的悬挂方式

直线电机有构架悬挂式和轴箱轴承悬挂式两种安装方式。前者将电机安装在转向架构架上，后者将电机安装在轮对轴箱上。不同的悬挂方式对定子、转子之间的气隙变化以及系统动力特性具有不同的影响。

（1）构架悬挂式。采用构架悬挂式时，直线电机安装在弹簧之上，从电机传来的竖向电磁力通过构架和弹簧传递到轮对，因而改善了电机的振动环境。这样不但可以减轻传统意义上的簧下质量，减小车辆运行时对轨

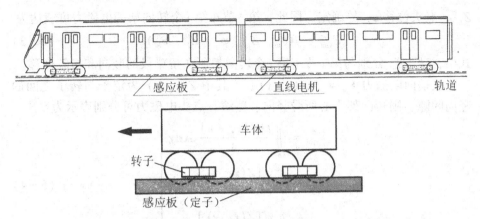

**图 5-31　直线电机定子、转子的安装位置及磁场作用原理**

道的冲击振动，而且电机维修拆装方便。

构架悬挂式悬挂的直线电机重量及垂向电磁力直接作用在车体转向架上，通过悬挂等效传递给两侧轮对，再通过轮对传至桥梁。模型如图 5-32 所示。

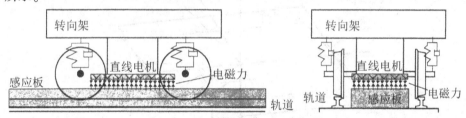

**图 5-32　构架悬挂式车辆模型**

在这种悬挂方式中，垂向电磁力的大小随车体转向架与道床之间的竖向距离的变化而变化，且与该竖向距离成反比。假定道床与桥梁之间无相对位移，因此垂向电磁力的大小由车体转向架和转向架所处桥梁段的相对竖向位置决定（图 5-33）。

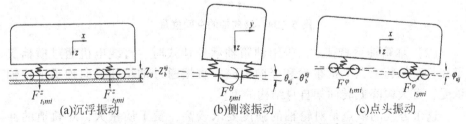

**图 5-33　影响竖向电磁力的几种转向架振动形式**

转向架所处桥梁段横截面上任一点的竖向位移通常可由竖向位移 $Z_b^{tij}$、扭转位移 $\theta_b^{tij}$ 来表示。而车体转向架的竖向位移可由侧滚位移 $\theta_{tij}$、沉浮位移

$Z_{tij}$、点头位移 $\varphi_{tij}$ 等确定。因此，第 $i$ 节车第 $j$ 个转向架的电磁力可表达为

$$F_{t_jmi} = f(\theta_{tij},\ Z_{tij},\ \varphi_{tij},\ Z_b^{tij},\ \theta_b^{tij}) \tag{5-3}$$

式中，$Z_b^{tij}$、$\theta_b^{tij}$ 分别为第 $i$ 节车第 $j$ 个转向架所在桥梁段的竖向和扭转位移。

设垂向电磁力 $F_m = f[Z(x,\ y)]$，其中 $Z(x,\ y)$ 为定子与转子之间的竖向间隙，则转向架中心所受竖向、侧滚、点头电磁力可分别表示为：

$$
\left.
\begin{aligned}
F_{t_jmi}^Z &= \iint_A \frac{f[Z(x,\ y)]}{A}\mathrm{d}x\mathrm{d}y \\
F_{t_jmi}^\theta &= \iint_A \frac{yf[Z(x,\ y)]}{A}\mathrm{d}x\mathrm{d}y \\
F_{t_jmi}^\varphi &= \iint_A \frac{xf[Z(x,\ y)]}{A}\mathrm{d}x\mathrm{d}y
\end{aligned}
\right\} \tag{5-4}
$$

$$Z(x,\ y) = (Z_{tij} - Z_b^{tij}) + x\mathrm{tg}\varphi_{tij} + y\mathrm{tg}(\theta_{tij} - \theta_b^{tij}) \tag{5-5}$$

式中，$A$ 为直线电机的水平投影面积，如图 5-34 所示。

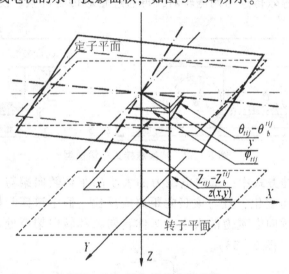

**图 5-34　转向架的空间位置**

（2）轴箱轴承悬挂式。采用轴箱轴承悬挂式时，直线电机通过横档支承在轮对轴箱上，电机重量和竖向电磁力直接通过轴箱和径向轴承由轮轴承受，可大幅降低转向架自身结构的重量。

这个方式的缺点是对轮轴的强度要求较高，簧下质量大，对轨道的冲击振动较大，也加大了车辆振动。

轴箱轴承悬挂式悬挂的直线电机质量以及垂向电磁力直接作用在两侧轮轴上，影响轮对的沉浮和侧滚运动，模型如图 5-35 所示。

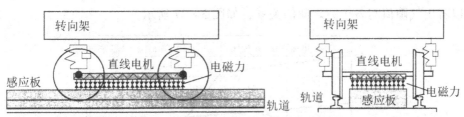

**图 5 - 35　轴箱轴承悬挂式车辆模型**

由于直线电机车辆运行速度不是很高，对于这种悬挂方式，可假定车辆运行过程中车轮与轨道不脱离，因此磁极气隙仅受轨道不平顺的影响。这种悬挂方式较为简单，轮对中心所受的竖向和侧滚电磁力可按构架悬挂式类似导出。

### 3. 磁极气隙

直线电机的横断面如图 5 - 36 所示。图 5 - 36 中的磁极气隙是影响磁力大小的决定性因素，因此为了保证直线电机的工作效率，磁极气隙应该在一定的范围内尽量地缩小。但是这个间隙也不能太小，这是因为同在一个直流系统的电机和感应板之间的间隙会在弹性系统中发生必然性的变化，如果间隙过小，就会发生碰撞，会存在很大的安全隐患。

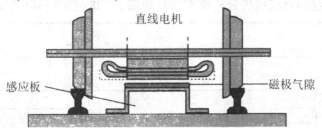

**图 5 - 36　直线电机横断面图**

在确定气隙值的时候要考虑与直线电机和感应板相连结构的位移，这与电机的悬挂方式有关。对于构架悬挂式悬挂，直线电机的垂向位移由转向架的沉浮、侧滚、点头位移所确定。而对于轴箱轴承悬挂式悬挂，直线电机的垂向位移则由同一转向架上的前后轮对的沉浮、侧滚位移所确定。通过假定道床与桥梁之间无相对位移，感应板的位移由桥梁的竖向瞬时挠度所确定。

### 4. 电磁力模型

直线电机定子与感应板相互作用力除产生水平方向的推力外，在垂直方向也产生垂向力。从广州地铁《大功率强迫风冷直线电机试验报告》可以看出气隙值与各个力之间的关系，如图 5 - 37 所示。

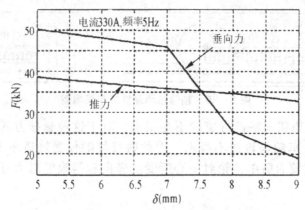

**图 5 - 37　电磁推力、垂向力与磁极气隙的关系**

作用在直线电机和感应板上的垂向电磁力为连续分布的面荷载，向上通过直线电机传递给转向架（构架悬挂式）或轮对（轴箱轴承悬挂式），向下通过感应板传递给桥梁。气隙变化是影响垂向电磁力大小的主要因素。在一定范围内，垂向力随气隙的增大而减少。

根据上述分析假定可以建立直线电机车辆模型，轴箱轴承悬挂式和构架悬挂式悬挂的直线电机分析模型分别如图 5 - 38 ~ 图 5 - 40 所示。

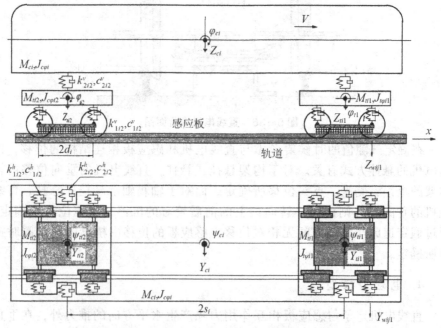

**图 5 - 38　直线电机分析模型（轴箱轴承悬挂式）**

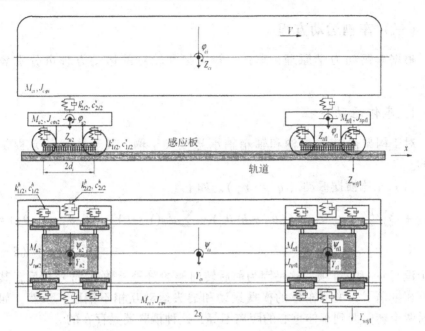

**图5-39 直线电机分析模型（构架悬挂式）**

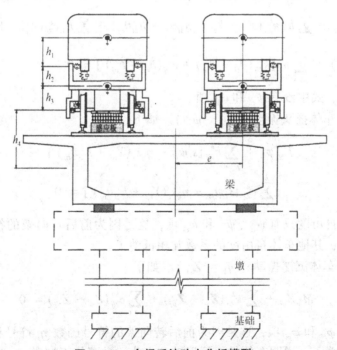

**图5-40 车桥系统动力分析模型**

左：构架悬挂式车辆；右：轴箱轴承悬挂式车辆

### （三）车辆运动方程

根据车辆动力学原理，车体、转向架和轮对的运动方程可分别表示如下。

#### 1. 车体运动方程

对于构架悬挂式车辆和轴箱轴承悬挂式车辆，其车体运动方程是一样的。

（1）车体横摆振动（$q_k = Y_{ci}$）。如下

$$M_{ci}\ddot{Y}_{ci} + \sum_{j=1}^{2} k_{2ij}^h (Y_{ci} - Y_{tij} - h_{1i}\theta_{ci} - h_{2i}\theta_{tij}) + \sum_{j=1}^{2} c_{2ij}^h (\dot{Y}_{ci} - \dot{Y}_{tij} - h_{1i}\dot{\theta}_{ci} - h_{2i}\dot{\theta}_{tij}) = 0$$

$$(5-6)$$

式中没有 $\psi_{ci}$ 和 $\dot{\psi}_{ci}$ 项，这是因为前后转向架的符号函数 $\eta_j$ 符号相反，其系数互相抵消了，说明车体的横摆运动和摇头运动互相不耦联。当然，如果前后两个转向架到车体重心的距离不等，这种耦联还是存在的。

（2）车体侧滚振动（$q_k = \theta_{ci}$）。如下

$$J_{c\theta i}\ddot{\theta}_{ci} - \sum_{j=1}^{2} h_{1i}k_{2ij}^h (Y_{ci} - Y_{tij} - h_{1i}\theta_{ci} - h_{2i}\theta_{tij}) - \sum_{j=1}^{2} h_{1i}c_{2ij}^h (\dot{Y}_{ci} - \dot{Y}_{tij} - h_{1i}\dot{\theta}_{ci} -$$

$$h_{2i}\dot{\theta}_{tij}) + \sum_{j=1}^{2} b_i^2 [k_{2ij}^h(\theta_{ci} - \theta_{tij}) + c_{2ij}^h(\dot{\theta}_{ci} - \dot{\theta}_{tij})] = 0 \qquad (5-7)$$

同理，式中没有 $\psi_{ci}$ 和 $\dot{\psi}_{ci}$ 项。

（3）车体摇头振动（$q_k = \psi_{ci}$）。如下

$$J_{c\psi i}\ddot{\varphi}_{ci} + \sum_{j=1}^{2} k_{2ij}^h [s_i^2\psi_{ci} - \eta_{ij}s_i(Y_{tij} + h_{2i}\theta_{tij})] +$$

$$\sum_{j=1}^{2} c_{2ij}^h [s_i^2\dot{\psi}_{ci} - \eta_{ij}s_i(\dot{Y}_{tij} + h_{2i}\dot{\theta}_{tij})] = 0 \qquad (5-8)$$

式中车体自由度只有 $\psi_{ci}$、$\dot{\psi}_{ci}$ 和 $\ddot{\varphi}_{ci}$ 项，这是因为前后转向架的符号函数 $\eta_j$ 符号相反，其他车体自由度的系数互相抵消了。

（4）车体沉浮振动（$q_k = Z_{ci}$）。如下

$$M_{ci}\ddot{Z}_{ci} + \sum_{j=1}^{2} k_{2ij}^h (Z_{ci} - Z_{tij}) + \sum_{j=1}^{2} c_{2ij}^h (\dot{Z}_{ci} - \dot{Z}_{tij}) = 0 \qquad (5-9)$$

式中没有 $\varphi_{ci}$ 和 $\dot{\varphi}_{ci}$ 项，这是因为前后转向架的符号函数 $\eta_j$ 符号相反，其系数互相抵消了，说明车体的沉浮运动和点头运动互相不耦联。

（5）车体点头振动（$q_k = \varphi_{ci}$）。如下

$$J_{c\varphi i}\ddot{\varphi}_{ci} + \sum_{j=1}^{2} k_{2ij}^{v}[s_i^2\varphi_{ci} - \eta_{ij}s_iZ_{tij}] + \sum_{j=1}^{2} c_{2ij}^{v}[s_i^2\dot{\varphi}_{ci} - \eta_{ij}s_i\dot{Z}_{tij}] = 0$$

$$(5-10)$$

同理，式中车体自由度只有 $\varphi_{ci}$、$\dot{\varphi}_{ci}$ 和 $\ddot{\varphi}_{ci}$ 项。

## 2. 转向架运动方程

每节车有两个转向架，运动方程也应有两套，这里以第 $i$ 节车第 $j$ 个转向架进行说明。

（1）转向架横摆振动（ $q_k = Y_{tij}$ ）。对于转向架横摆振动，构架悬挂式车辆和轴箱轴承悬挂式车辆的运动方程是一样的：

$$M_{tij}\ddot{Y}_{tij} + k_{2ij}^{h}(Y_{tij} - Y_{ci} - \eta_j s_i\psi_{ci} + h_{1i}\theta_{ci} + h_{2i}\theta_{tij}) + \sum_{l=1}^{N_{wi}} k_{1ij}^{h}(Y_{tij} - Y_{wijl} - h_{3i}\theta_{tij}) +$$

$$c_{2ij}^{h}(\dot{Y}_{tij} - \dot{Y}_{ci} - \eta_j s_i\dot{\psi}_{ci} + h_{1i}\dot{\theta}_{ci} + h_{2i}\dot{\theta}_{tij}) + \sum_{l=1}^{N_{wi}} c_{1ij}^{h}(\dot{Y}_{tij} - \dot{Y}_{wijl} - h_{3i}\dot{\theta}_{tij}) = 0$$

$$(5-11)$$

式中没有 $\psi_{tij}$ 和 $\dot{\psi}_{tij}$ 项，这是因为转向架前后位的轮对符号函数 $\eta_l$ 符号相反，其系数互相抵消了，说明转向架的横摆运动和摇头运动互相不耦联。但是，因为前后转向架之间不耦联，与车体运动有关的 $Y_{ci}$、$\dot{Y}_{ci}$、$\psi_{ci}$ 和 $\dot{\psi}_{ci}$ 以及与轮对运动有关的 $Y_{wijl}$ 和 $\dot{Y}_{wijl}$ 出现在每个转向架运动方程中。

（2）转向架侧滚振动（ $q_k = \theta_{tij}$ ）。对于采用轴箱轴承悬挂式悬挂的直线电机车辆，转向架侧滚振动的运动方程为：

$$J_{t\theta ij}\ddot{\theta}_{tij} + h_{2i}k_{2ij}^{h}(Y_{tij} - Y_{ci} - \eta_j s_i\psi_{ci} + h_{1i}\theta_{ci} + h_{2i}\theta_{tij}) -$$

$$h_{3i}\sum_{l=1}^{N_{wi}} k_{1ij}^{h}(Y_{tij} - Y_{wijl} - h_{3i}\theta_{tij}) +$$

$$h_{2i}c_{2ij}^{h}(\dot{Y}_{tij} - \dot{Y}_{ci} - \eta_j s_i\dot{\psi}_{ci} + h_{1i}\dot{\theta}_{ci} + h_{2i}\dot{\theta}_{tij})$$

$$- h_{3i}\sum_{l=1}^{N_{wi}} c_{1ij}^{h}(\dot{Y}_{tij} - \dot{Y}_{wijl} - h_{3i}\dot{\theta}_{tij}) -$$

$$b_i^2[k_{2ij}^{v}(\dot{\theta}_{ci} - \dot{\theta}_{tij}) + c_{2ij}^{v}(\dot{\theta}_{ci} - \dot{\theta}_{tij})] -$$

$$\sum_{l=1}^{N_{wi}} a_i^2[k_{1ij}^{v}(\dot{\theta}_{tij} - \dot{\theta}_{wijl}) + c_{1ij}^{v}(\dot{\theta}_{tij} - \dot{\theta}_{wijl})] = 0 \qquad (5-12)$$

同理，式中没有 $\psi_{tij}$ 和 $\dot{\psi}_{tij}$ 项，但有车体运动的 $Y_{ci}$、$\dot{Y}_{ci}$、$\psi_{ci}$ 和 $\dot{\psi}_{ci}$ 项以及轮对运动的 $Y_{wijl}$、$\dot{Y}_{wijl}$、$\theta_{wijl}$ 和 $\dot{\theta}_{wijl}$ 项。

对于构架悬挂式车辆，转向架侧滚振动的运动方程为

$$J_{t\theta ij}\ddot{\theta}_{tij} + h_{2i}k_{2ij}^h(Y_{tij} - Y_{ci} - \eta_j s_i \psi_{ci} + h_{1i}\theta_{ci} + h_{2i}\theta_{tij}) -$$

$$h_{3i}\sum_{l=1}^{N_{wi}} k_{1ij}^h(Y_{tij} - Y_{wijl} - h_{3i}\theta_{tij}) +$$

$$h_{2i}c_{2ij}^h(\dot{Y}_{tij} - \dot{Y}_{ci} - \eta_j s_i \dot{\psi}_{ci} + h_{1i}\dot{\theta}_{ci} + h_{2i}\dot{\theta}_{tij}) -$$

$$h_{3i}\sum_{l=1}^{N_{wi}} c_{1ij}^h(\dot{Y}_{tij} - \dot{Y}_{wijl} - h_{3i}\dot{\theta}_{tij}) - \quad (5-13)$$

$$b_i^2[k_{2ij}^v(\dot{\theta}_{ci} - \dot{\theta}_{tij}) + c_{2ij}^v(\dot{\theta}_{ci} - \dot{\theta}_{tij})] -$$

$$\sum_{l=1}^{N_{wi}} a_i^2[k_{1ij}^v(\dot{\theta}_{tij} - \dot{\theta}_{wijl}) + c_{1ij}^v(\dot{\theta}_{tij} - \dot{\theta}_{wijl})] = F_{t,mi}^\theta$$

式中右端力向量 $F_{t,mi}^\theta$ 为第 $i$ 节车第 $j$ 个转向架中心所受侧滚方向的电磁力矩。

（3）转向架摇头振动（ $q_k = \psi_{tij}$ ）。对于转向架摇头振动，构架悬挂式车辆和轴箱轴承悬挂式车辆的运动方程是一样的：

$$J_{t\psi ij}\ddot{\psi}_{tij} + \sum_{l=1}^{N_{wi}} k_{1ij}^h[d_i^2\psi_{tij} - \eta_l d_i Y_{wijl}] + \sum_{l=1}^{N_{wi}} c_{1ij}^h[d_i^2\dot{\psi}_{tij} - \eta_l d_i \dot{Y}_{wijl}] = 0 \quad (5-14)$$

式中转向架运动只有 $\psi_{tij}$ 和 $\dot{\psi}_{tij}$ 项，这是因为转向架前后轮对的符号函数 $\eta_l$ 符号相反，其他自由度的系数互相抵消了，但有轮对运动的 $Y_{wijl}$ 和 $\dot{Y}_{wijl}$ 项。

（4）转向架沉浮振动（ $q_k = Z_{tij}$ ）。对于采用轴箱轴承悬挂式悬挂的直线电机车辆，转向架沉浮振动的运动方程为

$$M_{tij}\ddot{Z}_{tij} + k_{2ij}^v(Z_{tij} - \eta_j s_i \varphi_{ci} - Z_{ci}) + \sum_{l=1}^{N_{wi}} k_{1ij}^v(Z_{tij} - Z_{wijl}) +$$

$$c_{2ij}^v(\dot{Z}_{tij} - \eta_j s_i \dot{\varphi}_{ci} - \dot{Z}_{ci}) + \sum_{l=1}^{N_{wi}} c_{1ij}^v(\dot{Z}_{tij} - \dot{Z}_{wijl}) = 0 \quad (5-15)$$

同理，式中没有 $\varphi_{tij}$ 和 $\dot{\varphi}_{tij}$ 项，但有车体运动的 $Z_{ci}$ 、 $\dot{Z}_{ci}$ 、 $\varphi_{ci}$ 、 $\dot{\varphi}_{ci}$ 项以及轮对运动的 $Z_{wijl}$ 和 $\dot{Z}_{wijl}$ 项。

对于构架悬挂式车辆，转向架沉浮振动的运动方程为

$$M_{tij}\ddot{Z}_{tij} + k_{2ij}^v(Z_{tij} - \eta_j s_i \varphi_{ci} - Z_{ci}) + \sum_{l=1}^{N_{wi}} k_{1ij}^v(Z_{tij} - Z_{wijl}) +$$

$$c_{2ij}^v(\dot{Z}_{tij} - \eta_j s_i \dot{\varphi}_{ci} - \dot{Z}_{ci}) + \sum_{l=1}^{N_{wi}} c_{1ij}^v(\dot{Z}_{tij} - \dot{Z}_{wijl}) = F_{t,mi}^z \quad (5-16)$$

式中右端力向量 $F_{t,mi}^z$ 为第 $i$ 节车第 $j$ 个转向架中心所受竖向电磁力。

（5）转向架点头振动（ $q_k = \varphi_{tij}$ ）。对于采用轴箱轴承悬挂式悬挂的直线电机车辆，转向架点头振动的运动方程为

$$J_{t\varphi ij}\ddot{\varphi}_{tij} + \sum_{l=1}^{N_{wi}} k_{1ij}^v [d_i^2 \varphi_{tij} - \eta_l d_i Z_{wijl}] + \sum_{l=1}^{N_{wi}} c_{1ij}^v [d_i^2 \dot{\varphi}_{tij} - \eta_l d_i \dot{Z}_{wijl}] = 0 \quad (5-17)$$

同样，式中转向架运动只有 $\varphi_{tij}$ 、 $\dot{\varphi}_{tij}$ 和 $\ddot{\varphi}_{tij}$ 项，这是因为前后转向架的符号函数 $\eta_l$ 符号相反，其他自由度的系数互相抵消了，但有轮对运动的 $Z_{wijl}$ 、 $\dot{Z}_{wijl}$ 项。

对于构架悬挂式车辆，转向架点头振动的运动方程为：

$$J_{t\varphi ij}\ddot{\varphi}_{tij} + \sum_{l=1}^{N_{wi}} k_{1ij}^v [d_i^2 \varphi_{tij} - \eta_l d_i Z_{wijl}] + \sum_{l=1}^{N_{wi}} c_{1ij}^v [d_i^2 \dot{\varphi}_{tij} - \eta_l d_i \dot{Z}_{wijl}] = F_{t;mi}^\varphi$$

$$(5-18)$$

式中右端力向量 $F_{t;mi}^\varphi$ 为第 $i$ 节车第 $j$ 个转向架中心所受点头方向的电磁力矩。

### 3. 轮对运动方程

每节车有两个转向架，每个转向架有 2～3 个轮对，这里以第 $i$ 节车第 $j$ 个转向架第 $l$ 个轮对为例进行说明。

（1）轮对横摆振动（ $q_k = Y_{wijl}$ ）。对于轮对横摆振动，构架悬挂式车辆和轴箱轴承悬挂式车辆的运动方程是一样的

$$m_{wijl}\ddot{Y}_{wijl} - k_{1ij}^h (Y_{tij} - Y_{wijl} - h_{3i}\theta_{tij} + \eta_j d_i \psi_{tij}) - $$
$$c_{1ij}^h (\dot{Y}_{tij} - \dot{Y}_{wijl} - h_{3i}\dot{\theta}_{tij} + \eta_j d_i \dot{\psi}_{tij}) = 0 \quad (5-19)$$

（2）轮对侧滚振动（ $q_k = \theta_{wijl}$ ）。对于采用构架悬挂式悬挂的直线电机车辆，轮对侧滚振动的运动方程为

$$J_{wijl}\ddot{\theta}_{wijl} - a_i^2 k_{1ij}^v (\theta_{tij} - \theta_{wijl}) - a_i^2 c_{1ij}^v (\dot{\theta}_{tij} - \dot{\theta}_{wijl}) = 0 \quad (5-20)$$

对于采用轴箱轴承悬挂式车辆，上式可改写为

$$J_{wijl}\ddot{\theta}_{wijl} - a_i^2 k_{1ij}^v (\theta_{tij} - \theta_{wijl}) - a_i^2 c_{1ij}^v (\dot{\theta}_{tij} - \dot{\theta}_{wijl}) = F_{mijl}^\theta \quad (5-21)$$

式中右端力向量 $F_{mijl}^\theta$ 为第 $i$ 节车第 $j$ 个转向架第 $l$ 个轮对所受侧滚方向的电磁力矩。

（3）轮对沉浮振动（ $q_k = Z_{wijl}$ ）。对于采用构架悬挂式的直线电机车辆，轮对沉浮振动的运动方程为：

$$m_{wijl}\ddot{Z}_{wijl} - k_{1ij}^v (Z_{tij} - Z_{wijl} + \eta_l d_i \varphi_{tij}) - c_{1ij}^v (\dot{Z}_{tij} - \dot{Z}_{wijl} + \eta_l d_i \dot{\varphi}_{tij}) = 0 \quad (5-22)$$

对于轴箱轴承悬挂式车辆，上式可改写为：

$$m_{wijl}\ddot{Z}_{wijl} - k_{1ij}^v (Z_{tij} - Z_{wijl} + \eta_l d_i \varphi_{tij}) - c_{1ij}^v (\dot{Z}_{tij} - \dot{Z}_{wijl} + \eta_l d_i \dot{\varphi}_{tij}) = F_{mijl}^z \quad (5-23)$$

式中右端力向量 $F_{mijl}^z$ 为第 $i$ 节车第 $j$ 个转向架第 $l$ 个轮对所受竖向电磁力。

可以看出，轮对运动方程中没有车体自由度项，说明轮对与车体运动之间没有直接的耦联关系；但因为转向架前后位轮对之间不耦联，与转向架各运动有关的自由度出现在每个轮对运动方程中。

### （四）车辆动力平衡方程组

从上述推论可知，车辆运动方程的推导不是一个独立的个体过程，而是相互联系，相互制约的。为了方便进一步推导，我们可以将第 $i$ 节车体及其前后 2 个转向架的运动方程写为

$$
\begin{bmatrix} M_{cci} & 0 & 0 \\ 0 & M_{t_1t_1i} & 0 \\ 0 & 0 & M_{t_2t_2i} \end{bmatrix} \begin{Bmatrix} \ddot{v}_{ci} \\ \ddot{v}_{t_1i} \\ \ddot{v}_{t_2i} \end{Bmatrix} + \begin{bmatrix} C_{cci} & C_{t_1ci} & C_{t_2ci} \\ C_{ct_1i} & C_{t_1t_1i} & 0 \\ C_{ct_2i} & 0 & C_{t_1t_1i} \end{bmatrix} \begin{Bmatrix} \dot{v}_{ci} \\ \dot{v}_{t_1i} \\ \dot{v}_{t_2i} \end{Bmatrix}
$$

$$
+ \begin{bmatrix} K_{cci} & K_{t_1ci} & K_{t_2ci} \\ K_{ct_1i} & K_{t_1t_1i} & 0 \\ K_{ct_2i} & 0 & K_{t_1t_1i} \end{bmatrix} \begin{Bmatrix} v_{ci} \\ v_{t_1i} \\ v_{t_2i} \end{Bmatrix} = \begin{Bmatrix} F_{ci} \\ F_{vi}^{t_1} \\ F_{vi}^{t} \end{Bmatrix} \tag{5-24}
$$

式中，下标 $c$、$t_1$、$t_2$ 分别代表车体、前转向架和后转向架，$i=1$，2，$\cdots$，$N_v$；$N_v$ 为桥上行驶的车辆总数；$v_i$、$\dot{v}_i$ 和 $\ddot{v}_i$ 分别为第 $i$ 节车的位移、速度和加速度向量。

车体和两个转向架的位移子向量可分别为

$$
\begin{cases} v_{ci} = \begin{bmatrix} Y_{ci} & \theta_{ci} & \psi_{ci} & Z_{ci} & \varphi_{ci} \end{bmatrix}^{\mathrm{T}} \\ v_{t_1i} = \begin{bmatrix} Y_{t_1i} & \theta_{t_1i} & \psi_{t_1i} & Z_{t_1i} & \varphi_{t_1i} \end{bmatrix}^{\mathrm{T}} \\ v_{t_2i} = \begin{bmatrix} Y_{t_2i} & \theta_{t_2i} & \psi_{t_2i} & Z_{t_2i} & \varphi_{t_2i} \end{bmatrix}^{\mathrm{T}} \end{cases} \tag{5-25}
$$

运动方程中的质量子矩阵分别为：

$$
M_{cci} = \mathrm{diag}(M_{ci}, J_{c\theta i}, J_{c\psi i}, M_{ci}, J_{c\varphi i}) \tag{5-26}
$$

$$
M_{t_jt_ji} = \mathrm{diag}(M_{tij}, J_{t\theta ij}, J_{t\psi ij}, M_{tij}, J_{t\varphi ij}) \tag{5-27}
$$

式中，$M_{ci}$、$J_{c\theta i}$、$J_{c\psi i}$ 和 $J_{c\varphi i}$ 分别为第 $i$ 节车体的质量、绕车体 $x$ 轴、$y$ 轴和 $z$ 轴的质量惯性矩；$M_{tij}$、$J_{t\theta ij}$、$J_{t\psi ij}$ 和 $J_{t\varphi ij}$ 分别为第 $i$ 节车第 $j$ 个转向架的质量、绕转向架 $x$ 轴、$y$ 轴和 $z$ 轴的质量惯性矩，其中矩 $j=1$，2。

运动方程中的刚度子矩阵为

$$\boldsymbol{K}_{cci} = \begin{bmatrix} k_2^h & -h_{1i}k_2^h & 0 & 0 & 0 \\ -h_{1i}k_2^h & h_{1i}^2k_2^h + b_i^2k_2^v & 0 & 0 & 0 \\ 0 & 0 & s_i^2k_2^h & 0 & 0 \\ 0 & 0 & 0 & k_2^v & 0 \\ 0 & 0 & 0 & 0 & s_i^2k_2^v \end{bmatrix} \qquad (5-28)$$

其中，

$$k_2^h = k_{2i1}^h + k_{2i2}^h , \quad k_2^v = k_{2i1}^v + k_{2i2}^v$$

$$\boldsymbol{K}_{t_jt_j} = \begin{bmatrix} k_{2ij}^h + k_{1ij}^h & h_{2i}k_{2ij}^h - 2h_{3i}k_{1ij}^h & 0 & 0 & 0 \\ h_{2i}k_{2ij}^h - 2h_{3i}k_{1ij}^h & \tilde{k}_{22} & 0 & 0 & 0 \\ 0 & 0 & 2d_i^2k_{1ij}^h & 0 & 0 \\ 0 & 0 & 0 & 2k_{1ij}^v + k_{2ij}^v & 0 \\ 0 & 0 & 0 & 0 & 2d_i^2k_{1ij}^v \end{bmatrix}$$

$$\boldsymbol{K}_{ct_1} = \boldsymbol{K}_{t_1c}^{\mathrm{T}} = \begin{bmatrix} -k_{2i1}^h & h_{1i}k_{2i1}^h & -s_ik_{2i1}^h & 0 & 0 \\ -h_{2i}k_{2i1}^h & h_{1i}h_{2i}k_{2i1}^h - b_i^2k_{2i1}^v & -h_{2i}s_ik_{2i1}^h & 0 & 0 \\ 0 & 0 & 0 & 0 & 0 \\ 0 & 0 & 0 & -k_{2i1}^v & -s_ik_{2i1}^v \\ 0 & 0 & 0 & 0 & 0 \end{bmatrix}$$

$$\boldsymbol{K}_{ct_2} = \boldsymbol{K}_{t_2c}^{\mathrm{T}} = \begin{bmatrix} -k_{2i2}^h & h_{1i}k_{2i2}^h & -s_ik_{2i2}^h & 0 & 0 \\ -h_{2i}k_{2i2}^h & h_{1i}h_{2i}k_{2i2}^h - b_i^2k_{2i2}^v & -h_{2i}s_ik_{2i2}^h & 0 & 0 \\ 0 & 0 & 0 & 0 & 0 \\ 0 & 0 & 0 & -k_{2i2}^v & -s_ik_{2i2}^v \\ 0 & 0 & 0 & 0 & 0 \end{bmatrix}$$

式中，$h_{1i}$、$h_{2i}$ 和 $h_{3i}$ 为第 $i$ 节车三个部分之间的距离；$a_i$、$b_i$、$d_i$ 和 $s_i$ 分别为车辆各车轮或各轴之间的纵向或横向距离。

车辆运动方程中的阻尼子矩阵与刚度子矩阵的形式相同，只需将刚度矩阵中的"$k$"用"$c$"代替即可。

如果不考虑系统外部的作用力（如风荷载或地震荷载），作用在第 $i$ 节车的力向量可表示为

$$\boldsymbol{F}_v = \begin{bmatrix} \boldsymbol{F}_{v1} & \boldsymbol{F}_{v2} & \cdots & \boldsymbol{F}_{vN_v} \end{bmatrix}^{\mathrm{T}} \qquad (5-29)$$

其中，

$$F_{vi} = \begin{Bmatrix} 0 \\ F_{vi}^{t_1} \\ F_{vi}^{t_2} \end{Bmatrix} \tag{5-30}$$

式中，$N_v$ 为桥上车辆总数；$F_{vi}^{t_1}$、$F_{vi}^{t_2}$ 分别为作用在前、后两个转向架上的力。对于采用轴箱轴承悬挂式的直线电机车辆，可表示为

$$\begin{aligned} F_{vi}^{tj} = \sum_{l=1}^{N_{wi}} & \left\{ k_{1ij}^h [Y_s(x_{ijl}) + Y_h(x_{ijl})] + \right. \\ & c_{1ij}^h [\dot{Y}_s(x_{ijl}) + \dot{Y}_h(x_{ijl})] a_i^2 [k_{1ij}^v \theta_s(x_{ijl}) + c_{1ij}^v \dot{\theta}_h(x_{ijl})] - \\ & h_{3i} [k_{1ij}^h Y_s(x_{ijl}) + c_{1ij}^h \dot{Y}_s(x_{ijl})] \eta_l d_i [k_{1ij}^h Y_s(x_{ijl}) + c_{1ij}^h \dot{Y}_s(x_{ijl})] k_{1ij}^v Z_s(x_{ijl}) + \\ & \left. c_{1ij}^v Z_s(x_{ijl}) \eta_l d_i [k_{1ij}^v Z_s(x_{ijl}) + c_{1ij}^v \dot{Z}_s(x_{ijl})] \right\} \quad (i = 1, 2 \cdots, N_v; j = 1, 2) \end{aligned} \tag{5-31}$$

对于构架悬挂式车辆，上式改写为

$$\begin{aligned} F_{vi}^{tj} = \sum_{l=1}^{N_{wi}} & \left\{ k_{1ij}^h [Y_s(x_{ijl}) + Y_h(x_{ijl})] + c_{1ij}^h [\dot{Y}_s(x_{ijl}) + \dot{Y}_h(x_{ijl})] a_i^2 \begin{bmatrix} k_{1ij}^v \theta_s(x_{ijl}) + \\ c_{1ij}^v \dot{\theta}_h(x_{ijl}) \end{bmatrix} \right. \\ & - h_{3i} [k_{1ij}^h Y_s(x_{ijl}) + c_{1ij}^h \dot{Y}_s(x_{ijl})] \\ & - F_{t_jmi}^\theta / N_{wijl} \eta_l d_i [k_{1ij}^h Y_s(x_{ijl}) + c_{1ij}^h \dot{Y}_s(x_{ijl})] k_{1ij}^v Z_s(x_{ijl}) \\ & \left. + c_{1ij}^v Z_s(x_{ijl}) - F_{t_jmi}^z / N_{wijl} \eta_l d_i [k_{1ij}^v Z_s(x_{ijl}) + c_{1ij}^v \dot{Z}_s(x_{ijl})] - F_{t_jmi}^\varphi / N_{wijl} \right\} \\ & (i = 1, 2 \cdots, N_v; j = 1, 2) \end{aligned} \tag{5-32}$$

式中，下标 $i$、$j$、$l$ 分别为车体、转向架、轮对的编号；$k_{1ij}^h$、$k_{1ij}^v$ 分别为第 $i$ 节车第 $j$ 个转向架的横向、竖向弹簧刚度；$c_{1ij}^h$、$c_{1ij}^v$ 分别为第 $i$ 节车第 $j$ 个转向架的横向、竖向阻尼系数；$Y_s$、$\theta_s$、$Z_s$ 为由轨道不平顺引起的横向、扭转、竖向位移；$Y_h$ 为由蛇行运动引起的横向位移；$\eta_l$ 是轮对符号函数，当轮对 $l$ 位于转向架的前位时 $\eta_l = 1$，位于转向架的后位时 $\eta_l = -1$；$h_{4i}$ 为轮对重心到梁体截面重心处的距离；$F_{t_jmi}^z$、$F_{t_jmi}^\theta$、$F_{t_jmi}^\varphi$ 分别为作用在第 $i$ 节车第 $j$ 个转向架中心的竖向、侧滚、点头方向上的电磁力。

## 二、桥梁模型

桥梁结构可以被离散成三维空间有限元模型。相应的桥梁节点运动方程为

$$M\ddot{X} + C\dot{X} + KX = F \tag{5-33}$$

式中，$M$、$C$、$K$ 分别为桥梁的质量、阻尼和刚度矩阵；$X$、$\dot{X}$、$\ddot{X}$ 分别为

桥梁节点的位移、速度和加速度向量，$F$ 是作用于桥梁节点的力向量，由两部分组成

$$F = F_e + F_w \qquad (5-34)$$

式中，$F_e$ 是作用于桥梁节点的外力（如风力）；$F_w$ 是桥上运行列车通过轨道结构传来的轮对力。根据上述假定，桥跨结构任一横截面上任一点的运动可由横向位移 $Y_b$、竖向位移 $Z_b$ 和相应于梁体横截面剪力中心的扭转 $\theta_b$ 确定，如图 5-40 所示。

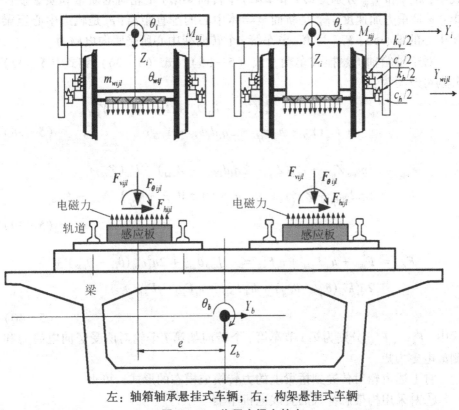

左：轴箱轴承悬挂式车辆；右：构架悬挂式车辆

**图 5-40　作用在梁上的力**

对于采用构架悬挂式悬挂的直线电机车辆，由轮对传递给桥梁的横向、竖向力及扭转方向的力矩可表示为

$$F_{hijl} = -m_{wijl}\ddot{Y}_{wijl} + c_{1ij}^h(\dot{Y}_{tji} - h_{3i}\dot{\theta}_{tji} + 2\eta_l d_i\dot{\psi}_{tji} - \dot{Y}_{wijl})$$
$$+ k_{1ij}^h(Y_{tji} - h_{3i}\theta_{tji} + 2\eta_l d_i\psi_{tji} - Y_{wijl}) \qquad (5-35)$$

$$F_{vijl} = -m_{wijl}\ddot{Z}_{wijl} + c_{1ij}^{v}(\dot{Z}_{tj} + 2\eta_l d_i\dot{\varphi}_{tj} - \dot{Z}_{wijl}) + k_{1ij}^{v}(Z_{tj} +$$

$$2\eta_l d_i\varphi_{tj} - Z_{wijl}) + m_{wijl}g + (0.5M_{ci}g + M_{tj} - F_{t_jmi}^{z})/N_{wij}$$

$$(5-36)$$

$$F_{\theta ijl} = F_{\theta ijl}^{'} + h_{4i}F_{hijl} + e_iF_{vijl} = -J_{wijl}\ddot{\theta}_{wijl} + 2a_i^2 c_{1ij}^{v}(\dot{\theta}_{tj} - \dot{\theta}_{wijl}) +$$

$$2a_i^2 k_{1ij}^{v}(\theta_{tj} - \theta_{wijl}) + h_{4i}F_{hijl} + e_iF_{vijl} \qquad (5-37)$$

式中，$m_{wijl}$ 和 $J_{wijl}$ 分别为第 $i$ 节车第 $j$ 个转向架第 $l$ 个轮对的质量和质量惯性矩；$g$ 是重力加速度；$h_{4i}$ 是轨面至梁体中心的垂直距离；$e_i$ 是轨道中心至梁体中心的偏心距；$F_{t_jmi}$ 为第 $i$ 节车第 $j$ 个转向架中心所受竖向电磁力。

对于轴箱轴承悬挂式车辆，式（5-35）、式（5-36）和式（5-37）分别可改写为：

$$F_{hijl} = -m_{wijl}\ddot{Y}_{wijl} + c_{1ij}^{h}(\dot{Y}_{tj} - h_{3i}\dot{\theta}_{tj} + 2\eta_l d_i\dot{\psi}_{tj} - \dot{Y}_{wijl})$$

$$+ k_{1ij}^{h}(Y_{tj} - h_{3i}\theta_{tj} + 2\eta_l d_i\psi_{tj} - Y_{wijl}) \qquad (5-38)$$

$$F_{vijl} = -m_{wijl}\ddot{Z}_{wijl} + c_{1ij}^{v}(\dot{Z}_{tj} + 2\eta_l d_i\dot{\varphi}_{tj} - \dot{Z}_{wijl}) + k_{1ij}^{v}(Z_{tj} +$$

$$2\eta_l d_i\varphi_{tj} - Z_{wijl}) + m_{wijl}g + (0.5M_{ci}g + M_{tj})/N_{wij} - F_{mijl}^{z}$$

$$(5-39)$$

$$F_{\theta ijl} = F_{\theta ijl}^{'} + h_{4i}F_{hijl} + e_iF_{vijl} = -J_{wijl}\ddot{\theta}_{wijl} + 2a_i^2 c_{1ij}^{v}(\dot{\theta}_{tj} - \dot{\theta}_{wijl}) +$$

$$2a_i^2 k_{1ij}^{v}(\theta_{tj} - \theta_{wijl}) + h_{4i}F_{hijl} + e_iF_{vijl} - F_{mijl}^{\theta}$$

$$(5-40)$$

式中，$F_{mijl}^{z}$、$F_{mijl}^{\theta}$ 分别为第 $i$ 节车第 $j$ 个转向架第 $l$ 个轮对所受竖向电磁力和侧滚电磁力矩。

将上述由轮对传递到桥梁上的力转换成模态的形式，可得

①对采用构架悬挂式的直线电机车辆

$$F_{bn} = \sum_{i=1}^{N_v}\sum_{j=1}^{2}\sum_{l=1}^{N_{wi}}(\varphi_{hijl}^{n}\cdot F_{hijl} + \varphi_{vijl}^{n}\cdot F_{vijl} + \varphi_{\zeta ijl}^{n}\cdot F_{\theta ijl})$$

$$= \sum_{i=1}^{N_v}\sum_{j=1}^{2}\sum_{l=1}^{N_{wi}}\{[(\varphi_{hijl}^{n} + h_{4i}\varphi_{\theta ijl}^{n})k_{1ij}^{h}Y_s(x_{ijl}) + \qquad (5-41)$$

$$2\varphi_{\theta ijl}^{n}k_{1ij}^{h}a_i^2\theta_s(x_{ijl}) + (\varphi_{vijl}^{n} + e_i\varphi_{\theta ijl}^{n})k_{1ij}^{v}Z_s(x_{ijl})] +$$

$$(\varphi_{vijl}^{n} + e_i\varphi_{\theta ijl}^{n})g[m_{wijl} + (0.5M_{ci} + M_{tj} - F_{t_jmi}^{z})/N_{wij}]\}$$

②对采用轴箱轴承悬挂式的直线电机车辆

$$F_{bn} = \sum_{i=1}^{N_v} \sum_{j=1}^{2} \sum_{l=1}^{N_{wi}} (\varphi_{hijl}^n \cdot F_{hijl} + \varphi_{vijl}^n \cdot F_{vijl} + \varphi_{\zeta ijl}^n \cdot F_{\theta ijl})$$

$$= \sum_{i=1}^{N_v} \sum_{j=1}^{2} \sum_{l=1}^{N_{wi}} \{ [(\varphi_{hijl}^n + h_{4i} \varphi_{\theta ijl}^n) k_{1ij}^h Y_s(x_{ijl}) + \tag{5-42}$$

$$2\varphi_{\theta ijl}^n k_{1ij}^h a_i^2 \theta_s(x_{ijl}) + (\varphi_{vijl}^n + e_i \varphi_{\theta ijl}^n) k_{1ij}^v Z_s(x_{ijl})] +$$

$$(\varphi_{vijl}^n + e_i \varphi_{\theta ijl}^n) g[m_{wijl} + (0.5M_{ci} + M_{tj})/N_{wij} - F_{mijl}^z]\}$$

在上述两个公式中，$\varphi_{hijl}^{nm} = (\varphi_{hijl}^n + h_{4i}\varphi_{\theta ijl}^n)(\varphi_{hijl}^m + h_{4i}\varphi_{\theta ijl}^m)$，$\varphi_{\theta ijl}^{nm} = \varphi_{\theta ijl}^n \varphi_{\theta ijl}^m$，$\varphi_{vijl}^{nm} = (\varphi_{vijl}^n + e_i \varphi_{\theta ijl}^n)(\varphi_{vijl}^m + e_i \varphi_{\theta ijl}^m)$ 为与车辆在桥梁上的位置有关的系数。这些系数反映了车辆与桥梁结构之间、桥梁各振型之间的相互耦联关系。

在直线电机系统中，作用于桥上的垂向模态电磁力可表示为

$$F_{mbn} = \sum_{i=1}^{N_v} \sum_{j=1}^{2} (\varphi_{vijl}^n + e_i \varphi_{\theta ijl}^n) F_{bmij}^z \tag{5-43}$$

对采用构架悬挂式悬挂的直线电机列车，作用在每个转向架上的电磁力与作用在该转向架所在位置处的相应梁段上的电磁力为一对相互作用力，数值相等、方向相反，即

$$F_{bmij}^z = F_{t_j mi}^z \tag{5-44}$$

则有

$$F_{mbn} = \sum_{i=1}^{N_v} \sum_{j=1}^{2} (\varphi_{vijl}^n + e_i \varphi_{\theta ijl}^n) F_{bmij}^z = \sum_{i=1}^{N_v} \sum_{j=1}^{2} \sum_{l=1}^{N_{wi}} (\varphi_{vijl}^n + e_i \varphi_{\theta ijl}^n) F_{t_j mi}^z / N_{wij}$$

$$\tag{5-45}$$

作用在桥梁上的总的模态力向量可表示为

$$F_{bn} + F_{mbn} = \sum_{i=1}^{N_v} \sum_{j=1}^{2} \sum_{l=1}^{N_{wi}} \{ [(\varphi_{hijl}^n + h_{4i}\varphi_{\theta ijl}^n) k_{1ij}^h Y_s(x_{ijl}) + 2\varphi_{\theta ijl}^n k_{1ij}^h a_i^2 \theta_s(x_{ijl}) +$$

$$(\varphi_{vijl}^n + e_i \varphi_{\theta ijl}^n) k_{1ij}^v Z_s(x_{ijl})] + (\varphi_{vijl}^n + e_i \varphi_{\theta ijl}^n)[m_{wijl}g +$$

$$(0.5M_{ci}g + M_{tj}g - F_{t_j mi}^z)/N_{wij}]\} + \sum_{i=1}^{N_v} \sum_{j=1}^{2} \sum_{l=1}^{N_{wi}} (\varphi_{vijl}^n + e_i \varphi_{\theta ijl}^n) F_{t_j mi}^z / N_{wij}$$

$$= \sum_{i=1}^{N_v} \sum_{j=1}^{2} \sum_{l=1}^{N_{wi}} \{ [(\varphi_{hijl}^n + h_{4i}\varphi_{\theta ijl}^n) k_{1ij}^h Y_s(x_{ijl}) + 2\varphi_{\theta ijl}^n k_{1ij}^h a_i^2 \theta_s(x_{ijl}) +$$

$$(\varphi_{vijl}^n + e_i \varphi_{\theta ijl}^n) k_{1ij}^v Z_s(x_{ijl})] + (\varphi_{vijl}^n + e_i \varphi_{\theta ijl}^n)[m_{wijl}g +$$

$$(0.5M_{ci}g + M_{tj}g)/N_{wij}]\} \tag{5-46}$$

上式的右端不含电磁力项，由此可见，对采用构架悬挂式的直线电机列车，作用于桥梁上的总的模态力向量与电磁力无关。也就是说从形式上

看，桥梁的挠度并不直接受到电磁力的影响。类似可以推出，对采用轴箱轴承悬挂式的直线电机列车，桥梁的挠度也不直接受电磁力的影响，但这并不说明在车桥系统的振动中，电磁力不起作用。直线电机和感应板之间的电磁力和气隙在桥梁的振动过程中发生变化，这种变化会影响车辆和桥梁的振动，由振动产生的惯性力会通过弹簧和阻尼器悬挂装置经由轮对传给桥梁结构，对其动挠度产生作用。也就是说，电磁力的影响是间接通过轮轨力对桥梁起作用的。

### 三、轨道不平顺

轨道不平顺包括无载状态下的静态不平顺（如轨面磨耗、几何变形、接头低塌等）和在受荷时才显现出来的动态不平顺（如由于垫层、轨枕弹性不均、部件间隔不等、空吊和扣件失效等造成的）。理论分析和实验均已证明，轨道不平顺可增加车体的加速度，导致结构动态超应力。

轨道不平顺根据其在轨道断面的不同方向，可分为轨道的高低不平顺 $z_v$、轨向不平顺 $y_a$、水平不平顺 $z_c$、轨距不平顺 $y_g$ 等，各种不平顺的定义如图 5-41 所示。

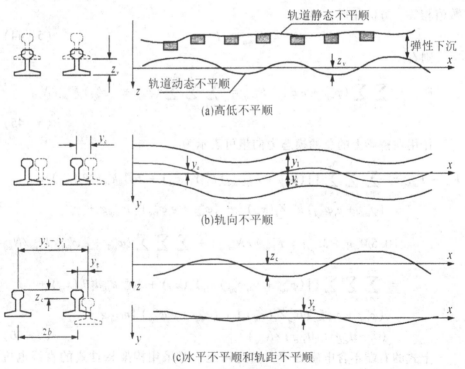

(a)高低不平顺

(b)轨向不平顺

(c)水平不平顺和轨距不平顺

**图 5-41　轨道不平顺示意图**

　　我国在轨道不平顺方面也做了不少研究工作，铁道科学研究院根据测试结果，拟合出了其轨道功率谱

$$S(f) = \frac{A(f^2 + Bf^3 + C)}{f^4 + Df^3 + Ef^2 + Ff + G} \qquad (5-47)$$

式中, $S(f)$ 的单位为 mm²/ (1/m); $f$ 为轨道不平顺的空间频率 (1/m); $A$、$B$、$C$、$D$、$E$、$F$、$G$ 为特征参数，其取值见表 5-8。一般来说，桥上线路的轨道不平顺与普通线路有所不同。

　　图 5-42 (a) 给出了道砟桥面的轨道不平顺谱密度 $S_2$ 与普通线路上轨道不平顺谱密度 $S_1$ 的比较，其中桥上轨道谱密度是由 15 座跨度 31.7m 预应力混凝土梁桥实测的平均谱。图 5-31 (b) 是明桥面的轨道不平顺谱密度 $S_2$ 与普通线路上轨道不平顺谱密度 $S_1$ 的比较，其中桥上轨道谱密度是京广线郑州黄河桥 (71 孔跨度 40m 上承式钢板梁) 实测的平均谱。图中还分别给出了实测谱密度的拟合谱曲线 $S_3$。容易看出，道砟桥面和明桥面的轨道不平顺谱密度拟合曲线分别比普通线路谱密度曲线低 75% 和 85%，说明桥上轨道平顺状态要比一般线路好。$S_4$ 是秦沈客运专线狗河桥 (无砟板式轨道) 的实测高低轨道不平顺拟合谱曲线，其谱值也较一般线路小得多。

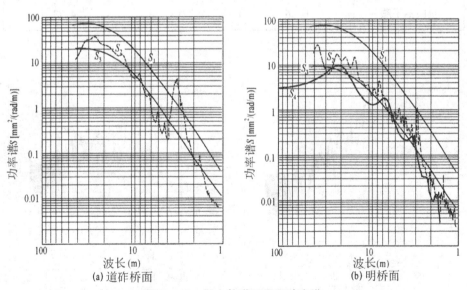

(a) 道砟桥面　　　　　　　　　　(b) 明桥面

**图 5-42　桥上轨道不平顺功率谱**

表 5-8　我国干线轨道 60kg/m 钢轨超长无缝线路功率谱的特征参数

| 参数 | A | B | C | D | E | F | G |
|---|---|---|---|---|---|---|---|
| 左轨高低 | 0.1270 | -2.1531 | 1.5503 | 4.9835 | 1.3891 | -0.0327 | 0.0018 |
| 右轨高低 | 0.3326 | -1.3757 | 0.5497 | 2.4907 | 0.4057 | 0.0858 | -0.0014 |
| 左轨轨向 | 0.0627 | -1.1840 | 0.6773 | 2.1237 | -0.0847 | 0.0340 | -0.0005 |
| 右轨轨向 | 0.1595 | -1.3853 | 0.6671 | 2.3331 | 0.2561 | 0.0928 | -0.0016 |
| 水平 | 0.3328 | -1.3511 | 0.5415 | 1.8437 | 0.3813 | 0.2068 | -0.0003 |

　　北京交通大学对北京地铁 5 号线高架区间普通整体道床的轨道不平顺进行了测量和分析，得到了高架桥梁普通整体道床高低不平顺和轨向不平顺的功率谱和统计特征值，分别见表 5-9 和图 5-43。

表 5-9　北京地铁 5 号线高架线路实测轨道不平顺最大值、标准差和均方值

| 参　　数 | 最大值（mm） | 标准差（mm） | 均方值（mm²） |
|---|---|---|---|
| 高低不平顺 | 4.42 | 1.54 | 2.42 |
| 轨向不平顺 | 6.26 | 2.16 | 4.73 |

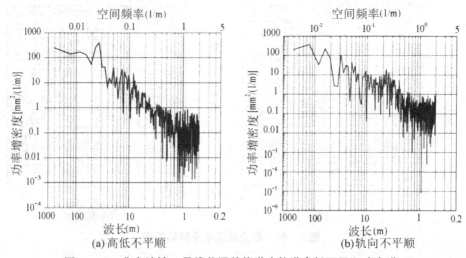

(a) 高低不平顺　　　　　(b) 轨向不平顺

图 5-43　北京地铁 5 号线普通整体道床轨道高低不平顺功率谱

　　通过上述轨道不平顺的幅值统计和功率谱图，可以看出该段高架线路

的高低不平顺和轨向不平顺最大幅值分别为 4.42mm 和 6.26mm，标准差分别为 1.54mm 和 2.16mm。高低不平顺和轨向不平顺波长均集中在 0.5~80m 的范围，长波成分的幅值较大，中波成分的幅值较小，且波长越短幅值越小。

从车体振动的最不利情况考虑，仿真分析时所采用的轨道不平顺长波波长 $L$ 应满足：

$$L \geq \frac{V}{3.6f}(\text{m}) \tag{5-48}$$

式中，$V$ 为最高计算列车速度（km/h）；$f$ 为所分析车体的自振频率（Hz）。

轨道不平顺时程数据可通过轨道谱模拟产生或由实际测试得到，则第 $l$ 个轮对的位移 $Y_{wijl}$、$\theta_{wijl}$、$Z_{wijl}$ 和桥梁位移 $Y_b$、$\theta_b$、$Z_b$ 之间的关系可用下式表示，即

$$\begin{Bmatrix} Y_{wijl} \\ \theta_{wijl} \\ Z_{wijl} \end{Bmatrix} = \begin{Bmatrix} Y_b(x_{ijl}) + h_{4i}\theta_b(x_{ijl}) + Y_s(x_{ijl}) \\ \theta_b(x_{ijl}) + \theta_s(x_{ijl}) \\ Z_b(x_{ijl}) + e_i\theta_b(x_{ijl}) + Z_s(x_{ijl}) \end{Bmatrix} \tag{5-49}$$

式中，$x_{ijl}$ 是第 $i$ 节车第 $j$ 个转向架第 $l$ 个轮对沿桥梁长度的位置；$Y_s(x)$、$Z_s(x)$、$\theta_s(x)$ 分别为轨道的方向（横向）不平顺、高低（竖向）不平顺和水平不平顺。

## 四、车桥动力平衡方程组及求解

桥梁模型采用广义坐标离散（模态模型）时，梁体任一横截面在三个方向的运动均可由振型函数的叠加表示，即

$$\begin{cases} Y_b(x_{ijl}) = \sum_{n=1}^{N_b} q_n \varphi_h^n(x_{ijl}) \\ \theta_b(x_{ijl}) = \sum_{n=1}^{N_b} q_n \varphi_\theta^n(x_{ijl}) \\ Z_b(x_{ijl}) = \sum_{n=1}^{N_b} q_n \varphi_v^n(x_{ijl}) \end{cases} \tag{5-50}$$

式中，$\varphi_h^n(x_{ijl})$、$\varphi_\theta^n(x_{ijl})$ 和 $\varphi_v^n(x_{ijl})$ 分别为在第 $i$ 节车第 $j$ 个转向架第 $l$ 个轮对处的第 $n$ 阶振型的水平、扭转和竖直分量的值；$N_b$ 是所采用的振型数；$q_n$ 是广义坐标，即模态振幅。

若桥梁的振型是按 $\varphi_n^T m \varphi_n = 1$ 规格化的，则第 $n$ 阶桥梁模态方程成为

$$\ddot{q}_n + 2\xi_n\omega_n\dot{q}_n + \omega_n^2 q_n = F_n \tag{5-51}$$

式中，$\xi_n$ 和 $\omega_n$ 分别为桥梁第 $n$ 阶振型的阻尼比和圆频率；$F_n$ 是广义力。

$$F_n = \sum_{i=1}^{N_v} \sum_{j=1}^{2} \sum_{l=1}^{N_{wi}} F_{nijl} \tag{5-52}$$

式中，$F_{nijl}$ 为第 $i$ 节车第 $j$ 个转向架第 $l$ 个轮对对桥梁产生的广义力。

根据梁体任一横截面在三个方向的运动方程，第 $l$ 个轮对的位移可以由桥梁振型广义坐标以及相应的蛇行运动和轨道不平顺位移的叠加来表示，即

$$\begin{Bmatrix} Y_{wijl} \\ \theta_{wijl} \\ Z_{wijl} \end{Bmatrix} = \sum \begin{Bmatrix} q_n[\varphi_h^n(x_{ijl}) + h_{4i}\varphi_\theta^n(x_{ijl})] \\ q_n\varphi_\theta^n(x_{ijl}) \\ q_n[\varphi_v^n(x_{ijl}) + e_i\varphi_\theta^n(x_{ijl})] \end{Bmatrix} + \begin{Bmatrix} Y_s(x_{ijl}) + Y_h(x_{ijl}) \\ \theta_s(x_{ijl}) \\ Z_s(x_{ijl}) \end{Bmatrix} \tag{5-53}$$

将上式分别代入前面的车辆和桥梁方程，可以推导出在直线电机系统中，车桥系统动力相互作用的运动方程表达式：

$$\begin{bmatrix} M_{vv} & 0 \\ 0 & M_{bb} \end{bmatrix} \begin{Bmatrix} \ddot{X}_v \\ \ddot{X}_b \end{Bmatrix} + \begin{bmatrix} C_{vv} & C_{vb} \\ C_{bv} & C_{bb} \end{bmatrix} \begin{Bmatrix} \dot{X}_v \\ \dot{X}_b \end{Bmatrix} + \begin{bmatrix} K_{vv} & K_{vb} \\ K_{bv} & K_{bb} \end{bmatrix} \begin{Bmatrix} \ddot{X}_v \\ \ddot{X}_b \end{Bmatrix} = \begin{Bmatrix} F_{vb} \\ F_{bv} \end{Bmatrix} + \begin{Bmatrix} -F_{mv} \\ F_{mbn} \end{Bmatrix}$$

$$\tag{5-54}$$

式中，$M$、$K$、$C$ 分别表示体系的质量、刚度、阻尼矩阵；$X$、$\dot{X}$、$\ddot{X}$ 为位移、速度、加速度向量；$F_{vb}$、$F_{bv}$ 表示车辆与桥梁之间的相互作用力，其下标 v 和 b 分别表示车辆和桥梁；$F_{mv}$ 为作用在转向架上的电磁力向量；$F_{mbn}$ 为作用在桥梁上模态电磁力向量。

按照本章所建立的模型，根据 Newmar $-\beta$ 召法的原理，编制了直线电机车辆—桥梁系统动力分析软件。图 5-44 是该软件的程序流程图。

车辆—桥梁系统动力相互作用分析程序流程中需要输入一些车辆初始条件，如初始速度、位移等，而这些初始条件往往和线路的平顺状态、车辆运动频率等因素有关，而这些因素是不确定的，是变化的，所以为了确认车辆初始条件，需要采取一些措施。本书中采取的办法是：让车辆在上桥之前，以与桥上相同的线路条件和蛇行运动规律先运行一段距离 $L_0$，待车体振动趋于稳定后再进入桥跨结构，见图 5-45。

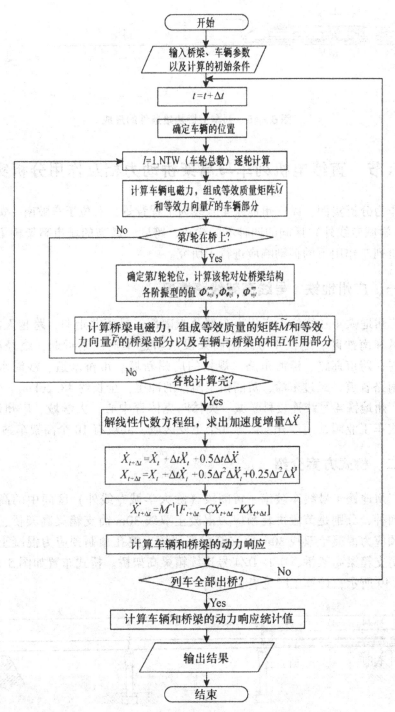

**图 5-44　车辆—桥梁系统动力相互作用分析程序流程图**

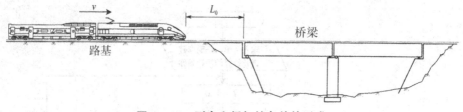

图 5-45　列车上桥初始条件的形成

# 第六节　直线电机列车与高架桥动力相互作用分析实例

作为分析实例,以广州地铁 4 号线为工程背景,对位于车陂南—黄阁段(除大学城专线外)区间的四种不同梁式、跨度、墩高的城市高架桥梁在直线电机列车作用下的振动响应进行了研究。

## 一、广州地铁 4 号线高架线路情况

广州地铁 4 号线位于广州市东部及东南部,呈南北走向,跨越天河区、番禺区和南沙区。地铁 4 号线的高架段从新造车辆段附近起,绕经凌边、官涌村,跨市莲路、清河东路、规划的广州新城、市桥水道、沙湾水道转入市南路省道,经过东涌、黄阁镇至南沙的冲尾,全长约 48.26km。

广州地铁 4 号线连接科学城、奥林匹克体育中心、大学城、广州新城、黄阁汽车工业园、南沙开发区等几个主要区域,共设有 10 个高架车站。

## 二、桥式方案介绍

广州地铁 4 号线车陂南—黄阁段(除大学城专线外)区间中的高架桥共有四种,分别是节段拼装预应力混凝土双线 30m 简支箱梁高架桥、整孔预制预应力混凝土双线 30m 简支箱梁高架桥、整孔预制预应力混凝土双线 25m 简支箱梁高架桥、DZ1~DZ4 号连续箱梁高架桥。桥式布置如图 5-46~图 5-49 所示,计算工况见表 5-10。

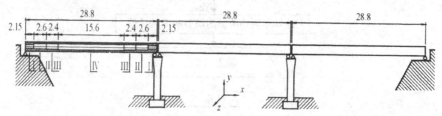

图 5-46　三跨节段拼装预应力混凝土双线 30m 简支箱梁高架桥 (单位:m)

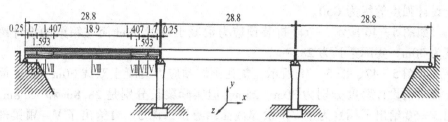

图 5-47　三跨整孔预制预应力混凝土双线 30m 简支箱梁高架桥（单位：m）

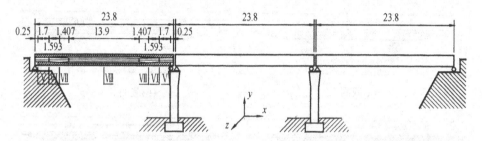

图 5-48　三跨整孔预制预应力混凝土双线 25m 简支箱梁高架桥（单位：m）

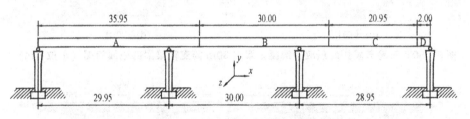

图 5-49　DZ1~DZ4 号连续箱梁高架桥（单位：m）

表 5-10　广州地铁 4 号线车陂南—黄阁段区间高架桥桥式计算工况汇总表

| 桥梁类型 | 梁部结构 | 桥墩高度 | 桥式布置 |
|---|---|---|---|
| 节段拼装预应力混凝土双线简支箱梁 | 30m 梁高 1.7m | | 3 跨 2 墩 |
| 整孔预制预应力混凝土双线简支箱梁 | 30m 梁高 1.7m<br>25m 梁高 1.7m | 5m、10m、15m | 3 跨 2 墩 |
| DZ1~DZ4 号连续箱梁（ABCD 节段） | A：35.95m 梁高 1.7m<br>B：30m 梁高 1.7m<br>C：20.95m 梁高 1.7m<br>D：2m 梁高 1.7m | | 3 跨 4 墩 |

## （一）梁部方案

广州地铁 4 号线车陂南—黄阁段（除大学城专线外）区间中的高架桥梁部均采用箱梁形式。梁体顶宽 9.3m，底宽 3.99m，梁高 1.7m。梁体混凝土设计强度等级为 C50。

如图 5-46 所示，节段拼装预应力混凝土双线 30m 简支箱梁的设计跨度为 30m，实际梁长为 28.8m。

如图 5-47、图 5-48 所示，整孔预制预应力混凝土双线 30m、25m 简支箱梁的设计跨度分别为 30m、25m，但实际梁长分别是 28.8m 和 23.8m。图 3-50 给出了标号为Ⅰ~Ⅳ梁部截面示意图。图 5-51 给出了Ⅴ~Ⅷ梁部截面示意图。

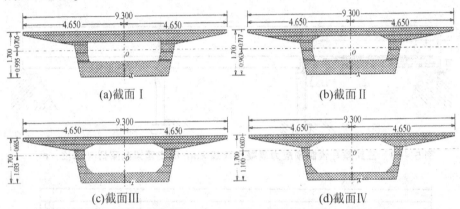

(a)截面Ⅰ       (b)截面Ⅱ

(c)截面Ⅲ       (d)截面Ⅳ

**图 5-50　三跨节段拼装预应力混凝土双线 30m 简支箱梁梁部截面简图（单位：m）**

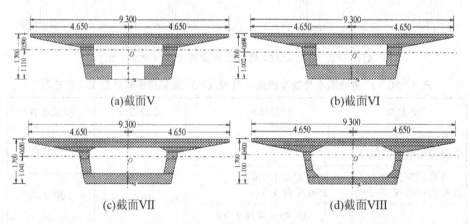

(a)截面Ⅴ       (b)截面Ⅵ

(c)截面Ⅶ       (d)截面Ⅷ

**图 5-51　三跨节段拼装预应力混凝土双线 30m 简支箱梁梁部截面简图（单位：m）**

## （二）墩部方案

广州地铁 4 号线车陂南—黄阁段（除大学城专线外）区间中的高架桥均采用花瓶式桥墩，墩高有 15m、10m、5m 三种（图 5-52~图 5-54）。墩身混凝土设计强度等级为 C30。

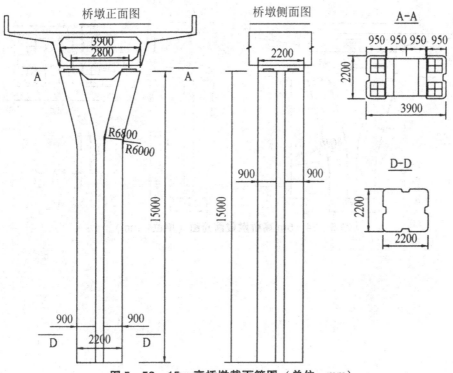

图 5－52 15m 高桥墩截面简图（单位：mm）

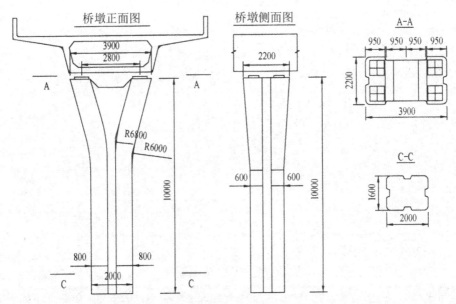

图 5－53 10m 高桥墩截面简图（单位：mm）

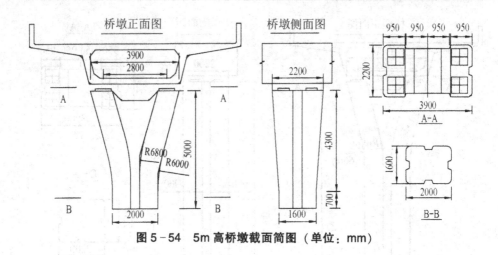

图 5-54 5m 高桥墩截面简图（单位：mm）

# 第六章　高温超导直线电机

高温超导材料和技术的发展，为电机的高效化、小型化和节能化的发展提供了新的技术方案。高温超导材料包括块材和线材，可用于制造电机的转子和定子。一方面，高温超导导线的高传导电流密度，可使电机的绕组电流显著提高，体积明显减小；另一方面，高温超导块材具有特殊的抗磁性和强磁场俘获能力，可显著提高电机永磁体的磁场强度。高温超导材料可用于取代传统电机中的绕组和永磁体，提高电机效率，也可利用其电磁特性实现新概念电机设计。

## 第一节　高温超导直线电机的工作原理

直线电机是将电能直接转化成直线运动的电机，直线电机距今已有160多年的发展历史。直线电机的发展在20世纪70年代以前，长期处于摸索探究的阶段。直至20世纪70年代以后，直线电机才正式成为商品，进入商品化发展阶段。直线电机的发展与传统的传动直线运动方式相比，结构更加简单，并且拥有传统传动直线运动方式所不具备的精准度高、噪声小、无磨损和易于维护等众多优势。

近年来，直线电机不断朝着经济、高速和高动力进行研究和发展，而新型磁性材料的出现和控制技术的不断研究，以及直线电机冷却方式的突破性进展，都为其进一步发展创造了必要的条件。如今，磁悬浮列车驱动系统所用直线同步电机已经与低温超导技术完成进一步结合使用，使磁悬浮列车的速度获得了大幅度提高。与低温超导相对应的高温超导材料和相关技术，在1986年被发现后获得了大量研究和飞速发展。其中高温超导材料在常规旋转电机方面的应用，形成了不同种类且拥有各种优异性质的高温超导电机，并取得了一系列成果。随之把高温超导材料应用于直线电机的探索也应运而生，尤其是提出和发展了高温超导直线电机的新概念。目前，通过一些样机的设计，高温超导直线电机技术已经积累了一定的经验，高温超导直线电机开始进入了实用化发展的起步阶段。

随着高温超导技术的发展，高温超导直线电机技术的研究也逐渐向全面、系统和深入的方向快速发展，并逐渐向实用化目标靠近。根据高温超导材料应用方式和原理的不同，可以得到不同类型的高温超导直线电机。

并且，由于高温超导体具有的相关特性，也带来了所开发高温超导直线电机的独特优越性能。另外，基于高温超导体的零电阻特性和迈斯纳效应，应用高温超导材料的磁悬浮系统可以以多种方式实现直线电机动子的悬浮，进而实现高温超导直线电机的无摩擦悬浮推进。利用高温超导材料实现直线电机的悬浮推进和设计高性能的直线电机，是高温超导直线电机研究的主要内容。

## 一、直线电机的原理

直线电机可以利用多种电源进行工作。例如，脉冲电源、交流电源和直流电源等都可以支持直线电机的使用。不仅如此，直线电机的外形结构也可以根据直线电机的应用需求进行不同形状的制造，无论是圆筒形，还是正方形，甚至是扁平形状也是直线电机常用的外形结构。从结构上来看，直线电机相当于旋转电机结构的一种变相演变。直线电机的结构相当于将旋转电机沿着径向径直剖开，将旋转电机的圆周展开成一条直线，从而得到由旋转电机结构转变而来的直线电机结构。其中，直线电机由旋转电机定子一侧转变而来的对应称之为初级，而由旋转电机的转子一侧转变而来的结构称之为直线电机的次级。直线电机的运转过程中，初级和次级需要进行不断的相对运动，如果次级与初级在运动开始时是等长且相互对齐的，初级和次级的相对运动会随着直线电机的运转，导致两者之间能够相互耦合的部分逐渐减少，直至最后初级与次级无法进行相对运动，造成直线电机的损毁和报废。因此，为了保证直线电机的运转在一定的行程范围内，次级与初级的耦合能保持不变，在实际应用过程中，可适当采用初级短、次级长或次级短、初级长的设计进行制造。考虑到直线电机的制作成本和运行损耗，目前的系统提升中多采用初级短、次级长的直线电机。从原理上出发，直线电机的控制和研究多是以旋转电机的控制和原理为基础的，因为直线电机的种类演变多是以旋转电机延伸发展所得，因此直线电机的原理在种类上也多与旋转电机相对应。但是直线电机的实际运转过程中，直线电机几乎整体工作于电动机状态下，因此，直线电机一般不做发电机使用。通常情况下所说的直线电机也多指直线电动机，与旋转电机的结构、原理相互对应。

直线电机没有中间传动装置，将电能转化为直线运动的机械能，这种"零传动"或"直接驱动"的最为突出的优点就是可以得到很高的瞬时加速度，即过渡过程极短、响应快。同时，直线电机具有结构简单、无接触运行、噪声低、速度和精度高、控制容易、维护方便和可靠等优点，这就使得直线电机能够成为当代制造装备业中的理想驱动装置。

　　直线电机可以看成是旋转电机的直线展开，如图6-1（b）所示。在直线电机中，给初级通以交流电，次级就在电磁力的作用下沿着初级做直线运动。这时初级要做得很长，延伸到运动所需要达到的位置，而次级则不需要那么长。实际上，直线电机既可以把初级做得很长，也可以把次级做得很长；既可以初级固定、次级移动，也可以次级固定、初级移动。

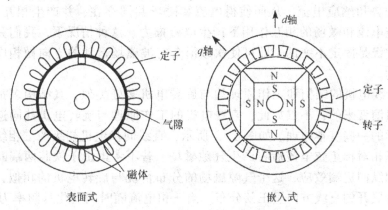

（a）永磁同步旋转电机横截面示意图

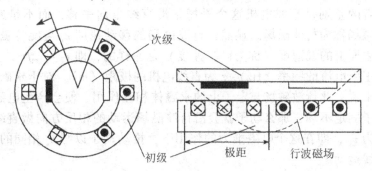

（b）永磁同步型

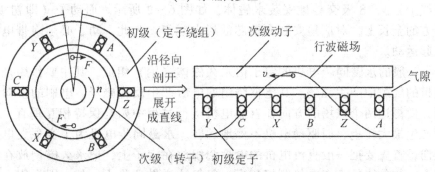

（c）感应异步型

图6-1　由旋转电机的展开到直线电机的演变

　　直线电机是将电磁作用转换成动能进行运转的，其工作原理与旋转电机类似，但是直线电机的电磁作用在气隙中所产生的磁场是与旋转电机不同的，直线电机的电磁作用在其气隙过程中所产生的磁场是沿着直线呈正弦分布，且进行平移的行波磁场，而不是旋转的。次级导体在直线感应电机模式下于行波磁场中进行切割磁力线的运动，并以此方式产生相应的感应电动势和感应电流，从而使得电流和磁场共同存在，并产生相互作用，在感应电流和磁场的相互作用下产生电磁推力。这种情况下，我们只需要保证初级是固定不变的，即可使次级沿着行波磁场运动的方向做相应的直线运动。

　　直线电机的结构和工作原理均与旋转电机多处类似，其结构多是由旋转电机演变来的，不仅如此，直线电机的工作原理与旋转电机共同遵守着电机学的一些基本原理。如图6-1所示，直线同步电机初级的三相绕组中通入三相对称正弦电流后将产生气隙磁场。若不考虑由于铁芯两端断开而引起的纵向边端效应，这个气隙磁场的分布情况与旋转电机的相似，即可看成沿展开的直线方向呈正弦分布。当三相电流随时间变化且频率为$f$时，气隙磁场将按A、B、C相序沿直线移动。这个原理与永磁同步旋转电机相似，两者的差别是直线电机这个磁场是沿直线方向平移，而不是旋转的，因此该磁场称为行波磁场。显然，行波磁场的移动速度$v_s$与旋转磁场在定子内圆表面上的线速度（称为同步速度）是一样的，即$v_s = 2f\tau$，其中，$f$为三相正弦电流的频率（Hz），$\tau$为直线电机的极距（m）。对于永磁直线同步电机来说，此行波磁场与定子上的永磁体相互作用，便会产生电磁推力，由于定子固定不动，那么动子就会沿行波磁场运动的相反方向做直线运动，其速度为$v_s$，即在这个电磁推力的作用下，推动动子以与$v_s$相同的速度做同步直线运动。

　　直线永磁同步电机也可以在定子（即次级）上方，沿行程方向的一条直线上，N、S极交替地安装永磁体，如图6-2所示。而动子（即初级）下方的全长上，对应地安装含铁芯的通电绕组。为此，动子必须附带电缆一起运动。

　　一般的永磁同步电机的定子由永久磁体（钢）组成，其主要作用是在电机的气隙中产生磁场。其电枢绕组通电后产生反应磁场。电刷的换向作用，使得这两个磁场的方向在直流电机运行过程中始终保持相互垂直，从而产生最大转矩，而驱动电机不停地运转。永磁同步电机为了实现无电刷换向，首先要把一般直流电机的电枢绕组放在定子上，把永久磁钢放在转子上，与传统的直流电机刚好相反。仅仅这样做还是不行的，因为用一般直流电源给定子上各绕组供电，只能产生固定磁场，它不能与运动中转子磁钢所产生的永磁磁场相互作用，以产生单一方向的转矩来驱动转子运动。

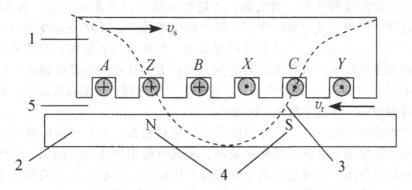

1—动子（初级）；2—定子（次级）；3—行波磁场；4—永磁体磁极（N、S极）；5—气隙

（a）直线永磁同步电机工作原理

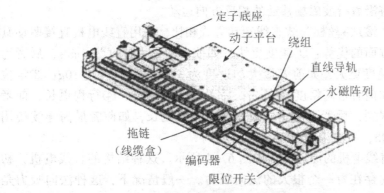

（b）常规直线永磁同步电机模型示意

**图6-2　常规直线永磁同步电机模型示意**

直线感应异步电机的典型结构，如图6-3所示，主要包括初级及其绕

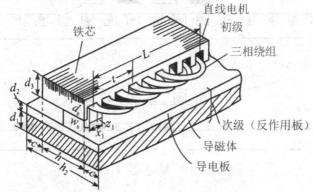

**图6-3　直线感应异步电机结构图**

组和次级。初级在扁平型直线感应电机中是由硅钢片叠成。在直线感应电机中，常用的硅钢片有：钢次级、非磁性次级和复合次级三种。钢次级，钢既起导磁作用，又起导电作用，但电磁性能较差，并且法向吸引力也较大（约为推力的10倍）。非磁性次级是单纯的铜板或者铝板，铜或铝的机械强度或刚度较小，承受不了大的推力或拉力。复合次级是在钢板上复合一层铜板（或铝板），称为铜钢（或铝钢）复合次级。在复合次级中，钢主要起导磁作用，导电主要是靠铜或铝。

直线感应电机的工作原理与旋转感应电机相似，当直线感应电机初级的三相绕组被加上交流电压即电流时，便在气隙中产生行波磁场。次级在行波磁场的作用下，将感应出电动势并产生电流。磁场与电流的相互作用产生电磁推力，在此推力作用下，初级与次级之间产生相对运动。如果初级固定，那么次级将沿着行波磁场运动的方向做直线运动；反之，若次级固定，初级将沿着行波磁场移动的相反方向运动。

与传统"滚珠+丝杠"式直线运动方式相比，采用直线电机直接驱动具有以下几个方面的优势：①速度更快，如前者的最大速度为2m/s，后者为5m/s；②加速度更大，如前者最大加速度为1.5g，后者可达10g；③定位精度更高，如前者最高精度为2μm，后者可达0.1μm；④行程更长，前者行程受丝杠限制，后者不受丝杠限制；⑤寿命更长，如前者最高连续使用寿命为10000h，后者为50000h。

单边型直线电机的原理结构如图6-4所示。这种结构的直线电机，初级和次级之间存在着一个很大的法向吸力。一般情况下，这种法向吸力是不希望存在的。解决直线电机初级和次级之间的法向吸力问题的最佳办法是，在次级两边都装上初级，这样两个法向力就可以相互抵消，这种结构

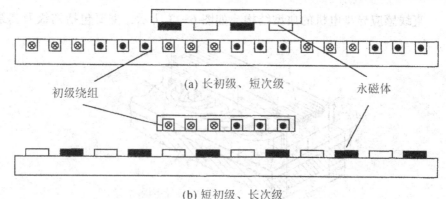

(a) 长初级、短次级

初级绕组　　　　　　　永磁体

(b) 短初级、长次级

**图6-4　单边型直线电机示意图**

称为双边型直线电机，如图6－5所示。

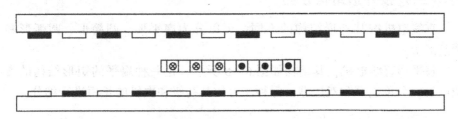

图6－5　双边型直线电机示意图

## 二、直线电机分类

直线电机可以按工作原理、功能用途和外形结构进行如下分类。

### （一）按工作原理分类

直线电机从工作原理的角度出发，主要可以分为直线电动机和直线驱动器两类，而这里的直线电动机通常简称为直线电机。

按照不同的分类标准，直线电机可以分为多种不同种类。按照直线电动机的工作原理通常将其分为直线直流电机、直线感应电机、永磁直线同步电机和混合式直线电机等。其中最常见的两种是永磁同步直线电机和直线感应电机两种。

直线电机的另一种——直线驱动器则主要分为直线超声波电机、直线震荡机、直线电磁泵和直线电磁螺线管电机等。

### （二）按功能用途分类

直线电机从功能用途的分类标准出发，主要可分为能电机、力电机和功电机三种。

其中功电机多用于需要进行长时间运行的场合，甚至是长期运行的场所。效率和功率因数是功电机的两个重要性能指标。

力电机的功能特点是短时间运行、速度慢。其主要参数为单位体积所产生的推力大小，也称之为单位输入功率所产生的推力，因此力电机多用于在低速设备或静止设备上施加推力。

能电机的主要衡量参数为能效率。因为能电机多为在短时间内能够产生能量巨大的驱动电机，其主要应用和功能也是在短时间、短距离内提供巨大的直线动能。例如，冲击试验机的驱动装置、飞机起飞的驱动电机、导弹发射的驱动电机，等等。

## （三）按外形结构分类

直线电机按其外形结构的不同，可以分为扁平形、圆筒形、圆弧形和圆盘形等。

扁平形直线电机，其结构如图 6-6 所示，是一种扁平的矩形结构的直线电机，分单边型和双边型。每种又可按其初级和次级的长短进行细分。

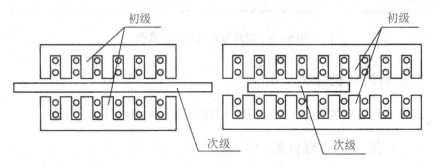

**图 6-6 扁平形直线电机示意图**

圆筒形直线电机，其结构如图 6-7 所示，其外形如旋转电机的圆柱形，一般这类电机均为短初级、长次级型。在需要的场合，这种电机可以做成既能做旋转运动又能做直线运动的电机。

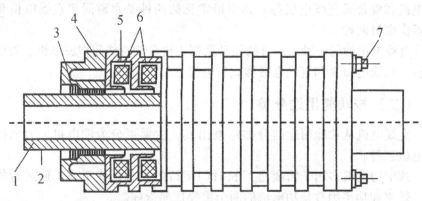

1—厚壁铁管；2—铜皮或铝皮；3—滑动轴承；
4—端盖；5—圆环铁芯；6—饼式绕组；7—螺栓

**图 6-7 圆筒形直线电机示意图**

圆弧形直线电机，其结构如图 6-8 所示，将平板型直线电机的初级延运动形成弧形，并放置于圆柱形次级的柱面外侧。

圆盘形直线电机，其结构如图 6-9 所示，将电机的次级做成圆盘状，初级放置在次级圆盘靠近边缘的平面上。这种电机的初级可以是双面的，也可以是单面的。

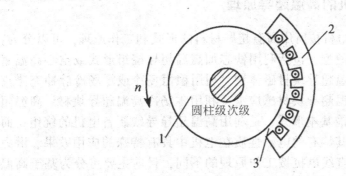

1—次级（飞轮）；2—弧形初级；3—气隙
**图6-8 圆弧形直线电机示意图**

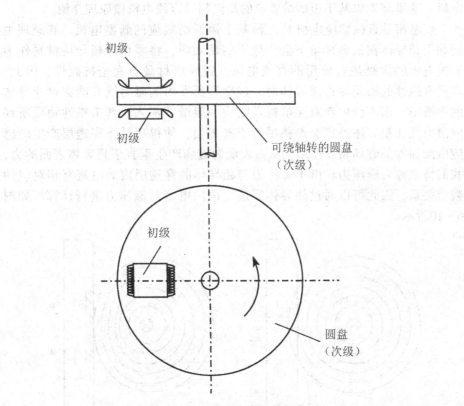

**图6-9 圆盘形直线电机示意图**

### 三、直线电机的高温超导原理

高温超导直线电机按所用高温超导材料的形式和工作原理，可以分为：①高温超导导线线圈型，包括利用铁芯加高温超导绕组形式或空心高温超导线圈形式；②高温超导块材磁体型，利用稳恒场冷或零场冷脉冲充磁高温超导块材；③高温超导块材感应型，利用零场冷高温超导块材。高温超导材料用于电机的最基本形式，是利用高温超导导线制备电机的绕组；而高温超导块材也以其特有的电磁性质在电机中具有特殊的应用效果、潜力和前景。高温超导直线电机按工作原理的不同，目前主要可分为基于高温超导块材迈斯纳效应的高温超导直线电机和高温超导块材磁体直线同步电机。利用高温超导块材磁体，即高温超导永磁体，像利用高温超导导线取代传统导线一样，高温超导永磁体可取代传统的永磁体，用于制备永磁型电机。这里首先以基于迈斯纳效应的高温超导直线电机做原理介绍。

高温超导直线感应电机是一种基于迈斯纳效应的新型电机。其原理主要利用超导体在低温环境下会产生迈纳斯效应，将零场冷超导块材料作为直线电机的次级进行应用的直线电机。超导块材具有完全抗磁性，因此，当具有磁性的物质靠近超导体时，该物质所发出的磁力线只能穿过超导体的穿透层，而不会像面对无抗磁性物质一般继续深入。携带磁性物质所释放磁力线在超导体外部会严格平行于其表面，使得超导体穿透层产生的感应电流和外部磁场相互作用，从而表现为磁场产生垂直于超导体表面的力，我们将之称为磁压力。由于磁压力与超导体的穿透层内的电流有相对应的数量关系，因此可以通过超导体穿透层内的电流对磁压力进行计算，如图6-10所示。

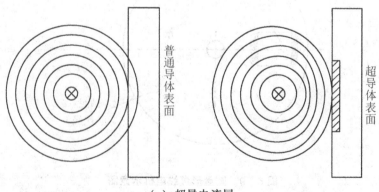

普通导体表面　　　　超导体表面

（a）超导电流层

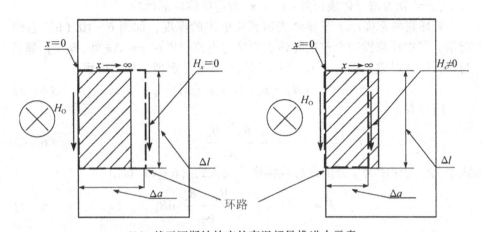

（b）基于迈斯纳效应的高温超导推进力示意

**图 6-10　基于迈斯纳效应的高温超导推进力原理分析**

将超导体表面电流 $i_x$ 定义为

$$i_x = \int_0^x j_x \mathrm{d}x \qquad (6-1)$$

应用安培环路定理，磁感应强度 $B$ 沿任何闭合路径的线积分，等于该闭合路径所包围的各个电流之代数和，即

$$\oint_l B \cdot \mathrm{d}l = \mu_0 \sum i \qquad (6-2)$$

式中，$\mu_0$ 为真空磁导率；$i$ 为线电流；$j_x$ 为表面电流密度。

首先利用安培环路定理求超导体表面磁感应强度 $B_0$，如图 6-10（b）所示。先设定环路，见图 6-10（b）左图中的虚框，取环路为超导体表面长度为 $\Delta l$，即环路包围的感应电流的长度，深度为 $\Delta a$ 的矩形，即环路包围的感应电流的宽度。图中阴影部分表示超导体内感应电流区域。设 $B_0$ 为 $x$ = 0 处的磁感应强度，即超导体表面处的磁感应强度，令环路在 $x$ 处的边界上，$B_x$，$j_x$ 分别为在 $x = \Delta a$ 处的磁感应强度和电流密度，由于环路的宽度大于超导体表面的感应电流层的深度，所以 $B_x$，$j_x$ 都为零。对图 6-10（b），由式（6-2）可推导出来

$$B_0 \Delta l = \mu_0 \sum i$$

$$B_0 = \frac{\mu_0 \sum i}{\Delta l} \qquad (6-3)$$

积分得到磁压力 $F$

$$F = \Delta l \Delta a \int_{x=0}^{x=\infty} B_x \mathrm{d}x \xrightarrow{\text{积分}} F = \Delta l \Delta a \left[ B_x i_x - \int i_x \mathrm{d}B_x \right]_{x=0}^{x=\infty} \qquad (6-4)$$

式中，$x = 0$ 为超导体表面处；$x \to \infty$ 为超导体内部延伸。

若环路的宽度小于超导体表面感应电流的深度，如图 6 - 10（b）右图所示，其中环路没完全包括导体表面感应电流，则在 $x = \Delta a$ 处，$B_x$，$j_x$ 都不为零，即这时边界上 $i_x \neq 0$。同样利用环路安培定理，可以得到

$$(B_0 - B_x)\Delta l = \mu_0 i_x \Delta l \tag{6-5}$$

所以有

$$i_x = \frac{B_0 - B_x}{\mu_0} \tag{6-6}$$

式中，$B_x$ 为深度为 $x$ 处的磁感应强度，代入式（6-4）得出

$$F = -\Delta l \Delta a \int_{x=0}^{x=\infty} \left( \frac{B_0 - B_x}{\mu_0} \right) \mathrm{d}B_x \tag{6-7}$$

积分得

$$F = -\frac{\Delta l \Delta a}{\mu_0} \left[ B_0 B_x - \frac{1}{2}B_x{}^2 \right]_{x=0}^{x=\infty} \tag{6-8}$$

于是

$$F = \frac{\Delta l \Delta a}{2\mu_0} B_0{}^2 \tag{6-9}$$

则单位面积上受力 $f$ 为

$$f = \frac{B_0{}^2}{2\mu_0} \tag{6-10}$$

可见，超导体表面的受力仅与超导体表面上的磁场有关。上述的磁压力计算公式只适用于 $B_0$ 小于超导体临界磁场 $H_{c1}$ 的条件。

## 第二节  高温超导直线电机相关技术

高温超导材料从被发现，到随后的深入和广泛地研究，进而发展到今天已能初步满足一些特殊应用的需求，并正在通过相关研究人员改善材料性能、探寻新材料、解决相关应用工艺技术和实际应用探索等一系列努力，逐渐向具有普遍化和广泛性的实际应用方向发展。

高温超导导线和高温超导块材，是目前高温超导体在电机应用中的两种主要形式。用高温超导导线取代电机中传统的绕组导线或构成免去常规铁芯的绕组，为一类应用形式；而利用块状高温超导材料，成为高温超导体在电机中的另一类应用形式。

基于高温超导块材的磁通钉扎特性和迈斯纳效应，高温超导块材通过捕获磁场技术处理，可成为一种磁场强度很高的准永磁体，并在电机、电

力、高能物理、医疗器械、能源、交通运输和国防等技术领域，得到关注和进行了初步的应用探索研究。高温超导块材在外场作用下特有的强磁场俘获能力，可用以产生磁悬浮力并具有附属的自稳定、自导向悬浮特性和功能；加之其强抗磁性，使其在磁悬浮推进系统中具有特殊的应用意义，并为直线电机提供了一种新的特殊技术方案。由于电机技术应用的广泛性和普遍性，高温超导直线电机和高温超导块材的磁悬浮应用研究，具有重要的经济意义和社会意义，已得到日本、俄罗斯、德国、美国、中国等技术强国的关注，并积极开展了相关研究。

高温超导直线电机研究促进了超导电机和直线电机相关技术的进一步发展，拓宽了传统电机和传统直线电机的应用领域，尤其为直线电机技术和产业化提供了一种新的技术方案，在传统电机领域开辟了新的研究和技术发展方向。高温超导直线电机的磁悬浮推进技术，不仅为交通运输领域提供一种新的更先进的推进技术，如用以发展更高速的磁悬浮列车，也为航天发射和电磁炮等一些特殊领域提供了先进的技术方案。随着高温超导材料性能的继续提高和低温制冷技术的继续进步，制备和操作成本进一步降低，高温超导直线电机将会在更多的领域得到更广泛的应用，从而创造更大的经济效益和社会效益。

随着高温超导材料技术及其强电应用技术的发展，高温超导直线电机技术和装置已逐渐发展起来。高温超导材料在直线电机中的应用有不同形式。高温超导材料可以以块材、线材的形式应用于直线电机。高温超导块材的最大俘获场强远高于传统永磁体的最大磁场强度，因此在直线电机中的应用将显著提高电机的性能。

目前，已有几个国家开展了高温超导直线电机技术的研究和应用探索，并有相关样机问世。在这些已开发的模型样机中，根据所采用高温超导材料的类型、电机的设计结构和应用原理的不同，主要可分为：①高温超导块材磁体次级动子式，利用高温超导块材磁体作为电机次级的高温超导直线同步电机；②高温超导线圈初级定子式，利用高温超导线圈作为初级绕组的高温超导直线同步电机；③高温超导线圈次级动子式，利用高温超导线圈磁体作为电机次级的高温超导直线同步电机；④高温超导块材动子式，利用零场冷高温超导块材作为电机次级的高温超导磁阻直线电机等。根据直线电机的结构特点，其又可分成单边型、双边型和圆筒形。高温超导直线电机的核心问题是如何利用不同形式的高温超导材料，在直线电机中实现电机动子的推进。另外，基于高温超导体的零电阻特性、迈斯纳效应和磁场俘获特性，应用高温超导材料可以以多种方式实现直线电机动子的悬浮，从而实现高温超导直线电机的无摩擦悬浮推进。因此，利用高温超导材料同时实现直线电机的推进和磁悬浮，是高温超导直线电机研究的核心内容。严格意义上的高温超导直线电机，是利用高温超导实现推进的直线电机，而并不是仅仅利用高温超导产生磁悬浮。

由于高温超导块材能够捕获比常规永磁体强得多的磁场，因此将高温超导块材磁体应用于直线电机，如作为直线电机次级，在提供同样推力的条件下，与常规电机相比，将具有体积小、重量轻等特点，在一些领域具有明显的应用优势。同时，高温超导直线电机结合了高温超导磁悬浮系统，因此电机可以实现无摩擦悬浮推进，具有自悬浮、自导向功能，无须导向控制，减少了摩擦损耗，大大提高了推进效率，从而更易于实现高速和大质量物体的推进，具有明显的先进特性，即无摩擦损耗、效率高、推力大和控制简单。这种新型高温超导直线同步电机的出现，丰富了传统直线电机的设计理念，拓展了直线电机产业的应用广度和深度，形成了直线电机技术新的发展方向。

## 一、高温超导块材磁体次级直线同步电机

### （一）原理模型

利用充磁后的高温超导块材磁体取代常规 PMLSM 中的永磁体，于是可以得到一种高温超导块材磁体次级直线同步电机，其工作原理模型如图6－11所示。

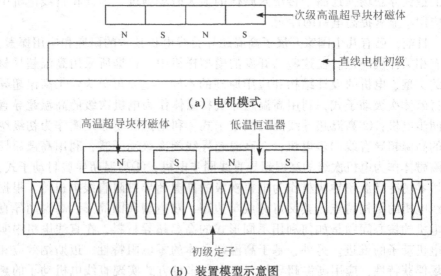

（a）电机模式

（b）装置模型示意图

**图 6－11　高温超导块材磁体次级直线同步电机模型**

由于高温超导块材的捕获磁场的磁场强度，可以比常规永磁体的磁场强度高很多倍，因此利用高温超导块材磁体研制出来的直线电机，推力更大、效率更高，且可具有更小的体积和质量。

## （二）应用模式

高温超导永磁同步直线电机的主要特点是利用高温超导块材磁体取代传统永磁体进行直线电机的设计和构建。高温超导块材磁体直线同步电机目前主要有两种不同结构的应用模型，分别为单边型长初级结构和双边型长初级结构。由于高温超导块材具有很高的捕获场强，因此初级定子一般采用空心结构以避免铁芯的磁饱和，次级高温超导块材磁体采用无背铁结构，从而大大降低了直线电机的质量。

### 1. 单边型高温超导块材磁体直线同步电机

根据特定的应用需求，高温超导直线电机可结合高温超导磁悬浮系统，根据不同的结合方式，主要可分为中间推进和双侧悬浮形式，两边推进和中间悬浮的形式等，如图 6-12 所示。其中，图 6-12（b）同时采用了两个单边型的高温超导块材磁体直线同步电机。

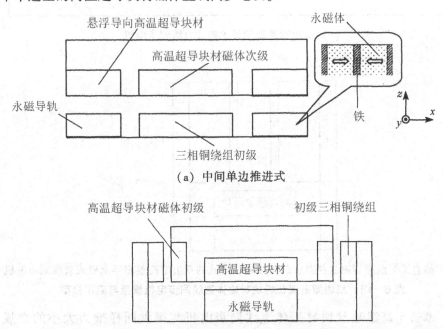

（a）中间单边推进式

（b）两边单边的双边推进式

图 6-12　结合了高温超导磁悬浮系统的高温超导直线电机模型截面图

这两种方式的高温超导直线电机设计结合了高温超导磁悬浮系统，具有悬浮高度大、体积小、质量轻、功率因素高、无须车载电源和控制简单等一些突出优点。

### 2. 双边型高温超导块材磁体直线同步电机

双边型高温超导块材磁体直线同步电机理论模型原理如图6-13（a）所示，图6-13（b）为结合了高温超导磁悬浮系统的无接触摩擦式的双边型高温超导永磁式直线同步电机应用模型截面图。

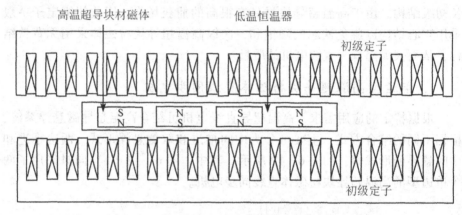

（a）双边型高温超导永磁式直线同步电机

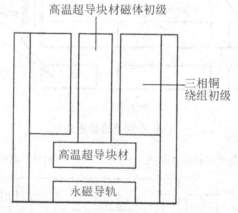

（b）结合了高温超导磁悬浮系统的无接触摩擦式的双边型高温超导永磁式直线同步电机

**图6-13　双边型高温超导块材磁体直线同步电机模型与应用模型**

双边型高温超导块材磁体直线同步电机与提供同样推力大小的常规PMLSM和直线感应电机之间的性能比较表明，高温超导块材磁体直线同步电机具有更小的体积和质量，其质量分别为后两者的43.5%和44.2%。因此，高温超导块材磁体直线同步电机也将具有更大的推力/转子质量比。另外，它的功率因素高，几乎达到整功率因数，远高于常规直线电机，这样就可以大幅度减小电力电子变流器的尺寸，降低成本。双边型电机还有一个最显著的特点，就是这种结构可有效地抵消在次级动子上形成的法向力。

从电机装置结构和技术特点看，随着高温超导材料技术的继续发展，低温操作技术的成熟和成本的降低，高温超导块材磁体直线同步电机的实用性进一步增加，将有可能成为如运输系统、飞机电磁弹射系统、航天器发射系统和电磁炮等应用领域的选择。

## 二、高温超导线圈初级直线同步电机

### （一）工作原理

用高温超导带材导线取代常规铜导线制备直线同步电机初级绕组，可以得到高温超导线圈初级式直线同步电机。高温超导线圈的设计、制备与操作，是这种电机技术的关键。高温超导线圈通常采用双饼盘式结构，它具有易于加工绕制的特点，并由于减少了高温超导带材接点损耗而提高了稳定性。

### （二）应用模式

目前，高温超导线圈初级定子式直线同步电机主要有两种不同应用结构模式，分别为单边平板形和圆筒形，次级采用永磁体，如图6-14所示。

常规直线电机中主要的欧姆损耗在定子铜绕组上，用高温超导带材代替铜导线，由于电流密度高和电阻小，可以明显提高电机的性能，同时减小电机的尺寸。另外，由于超导电机的初级线圈只有很少的匝数和很高的电流密度，电机的感应系数、电动势常数、力常数比传统电机的要小很多。

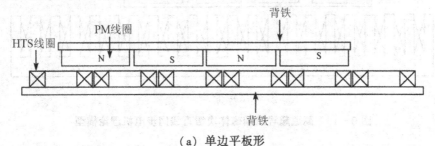

（a）单边平板形

**图6-14　高温超导线圈初级直线同步电机模型（一）**

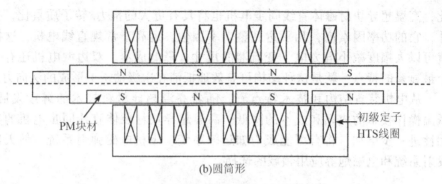

(b)圆筒形

**图6-14　高温超导线圈初级直线同步电机模型（二）**

## 三、高温超导线圈磁体次级直线同步电机

### （一）模型原理

由于高温超导带材载流密度要远大于常规铜导线，因此可以利用高温超导直流线圈绕制的超导磁体取代常规 PMLSM 的永磁体，由此得到性能更高的高温超导线圈磁体次级直线同步电机。高温超导线圈磁体，可由直流电源励磁驱动。理论上，基于高温超导体的零电阻特性，高温超导线圈磁体还能够工作在永久持续电流模式下，即在电机工作时高温超导线圈磁体无须外接电源供电。高临界电流密度使高温超导线圈磁体可产生相对传统绕组更高的磁场，因此可省去传统的铁芯结构，大幅度提高电机的效率。图6-15为采用高温超导线圈磁体为次级的直线同步电机理论模型。

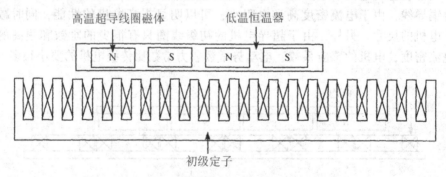

**图6-15　高温超导线圈磁体次级直线同步电机理论模型**

### （二）应用模型及工作特性

在实际应用中，有一种典型的应用模式是将高温超导线圈磁体同时用

于直线电机高温超导次级动子的悬浮和导向，其对称结构的一侧如图 6-16 所示。

　　实例模型采用了 Bi-2223/Ag 高温超导带材，高温超导线圈磁体工作于永久电流模式，工作时每天的损耗为 0.4%~0.7%，远小于运行过程中所允许的最大损耗。在运行测试后，观察到高温超导磁体线圈电流的衰减率没有发生明显变化，这表明线圈的振动和变形并没有导致它在磁浮列车应用中性能的降低。

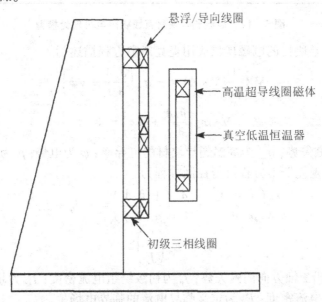

**图 6-16　高温超导线圈磁体次级直线同步电机结构模型**

## 四、高温超导块材直线磁阻同步电机

### （一）理论模型

　　根据超导体的迈斯纳效应，当高温超导块材处于外磁场中时，在超导体的磁场穿透层中会有感应电流产生，它产生的磁场幅值与外场幅值相等，方向相反。因此，在高温超导块材和外磁场之间将有电磁力产生。在此基础上，可以设计出一种应用零场冷高温超导块材的高温超导块材直线磁阻电机，其理论模型如图 6-17 所示。

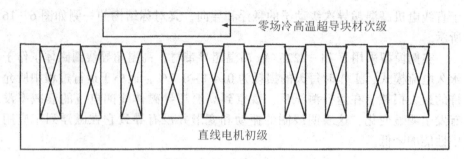

零场冷高温超导块材次级

直线电机初级

**图 6-17　高温超导块材直线磁阻电机理论模型**

高温超导块材的电磁现象应用麦克斯韦方程描述为

$$\nabla \times \frac{1}{\mu}(\nabla \times A) = -\sigma_{sc}\left(\frac{\partial A}{\partial t} + \nabla\varphi\right) \qquad (6-11)$$

$$\nabla \cdot \sigma_{sc}\left(\frac{\partial A}{\partial t} + \nabla\varphi\right) = 0 \qquad (6-12)$$

式中，$A$ 为磁失势；$\sigma_{sc}$ 为高温超导块材的电导率；$\varphi$ 为电势；$\mu$ 为磁导率。

由以上麦克斯韦方程可得控制方程为

$$\frac{\partial}{\partial x}\left(\frac{1}{\mu}\frac{\partial A_z}{\partial x}\right) + \frac{\partial}{\partial y}\left(\frac{1}{\mu}\frac{\partial A_z}{\partial y}\right) = -J_0 + J_{sc} \qquad (6-13)$$

$$E = E_c\left(\frac{J_{sc}}{J_c}\right)^n \qquad (6-14)$$

式中，$A_z$ 为沿 z 轴方向的磁矢势；$J_0$ 为初级绕组电流密度；$J_{sc}$ 为超流密度；$J_c$ 为块材临界电流密度；$E_c$ 为定义临界电流的临界电场。

假定欧姆定律同样适用于高温超导块材，$\sigma_{sc}$ 可表示为

$$\sigma_{sc} = \frac{J_c}{E}\left(\frac{E}{E_c}\right)^{1/n} \qquad (6-15)$$

将式（6-15）代入式（6-11）和（6-12），通过求解数值非线性涡流有限元问题，可以求得电机推理和法向力。

## （二）应用模型及工作特性

高温超导块材直线磁阻电机有两种应用结构模式，即水平模式和竖直模式，分别如图 6-18、6-19 所示，其中竖直模式高温超导块材直线磁阻电机有望在无绳电梯中得到应用。

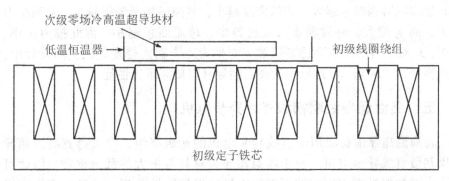

**图6-18　应用零场冷高温超导块材次级的高温超导直线磁阻电机模型**

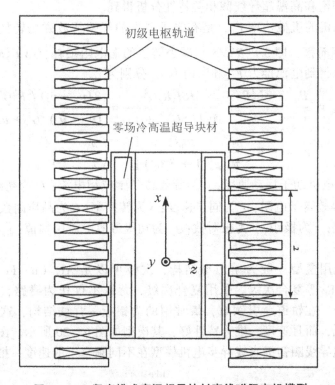

**图6-19　竖直模式高温超导块材直线磁阻电机模型**

当给电机初级绕组施加激励电流后，电枢表面产生行波磁场，由于高温超导块材的迈斯纳效应，超导块材表面的穿透层中将产生超导屏蔽电流，其产生的磁场方向与外磁场方向相反，因此超导电流（超流）的密度和分布区域面积将直接影响电机的推力大小。而影响这种超流的密度和分布的主要因素有高温超导块材的幂指数 $n$ 和临界电流密度 $J_c$。试验发现，块材下方的磁通密度和起动推力都随幂指数 $n$ 的增加而增加，随 $J_c$ 的增大而减小。这说明幂指数 $n$ 越大，超流密度越小，气隙磁场抵消得越少，从而推力越大；而 $J_c$ 越大，外磁场渗入块材越少，超流面积越小，因此推力也小。其中，$J_c$ 对推力的影响要比幂指数 $n$ 对推力的影响大得多。在实际设计中，应选择幂指数 $n$ 较大、$J_c$ 较小的高温超导材以提高系统性能。

### 五、高温超导线圈初级直线异步电机

将高温超导带材应用于直线异步电机的初级绕组，即可得到高温超导线圈初级直线异步电机。由于高温超导带材具有更大的载流密度，因此可以大大增加电机推力。此类型直线电机的工作特性分析，可基于常规直线异步电机理论和高温超导线圈相关特性分析得到。

直线电机的机械功率 $P_0$，是有定子产生的气隙行波磁场转换而来的功率（对三相而言，即 $3I_2'^2R_2'/S$）减去转子的铜电阻损耗（$3\dot{I}_2'^2R_2'$ 而得到的，因此可得到电池推力 $F_{em}$ 和法向力 $F_n$ 分别为

$$F_{em} = \frac{P_0}{v_r} = \frac{3I_2'^2R'}{Sv_s} = \frac{3SI_1^2R_2'G^2}{v_s[(SG)^2+1]} = \frac{3(v_s-v_r)I_1^2R_2'G^2}{(v_s-v_r)^2G^2+v_s^2} \quad (6-16)$$

$$F_n = -W_{se}\frac{p\tau^3}{\pi^2}\frac{\mu_0J_m^2}{g_e^2(1+S^2G^2)}\left[1-\left(\frac{\pi}{\tau}g_eSG\right)^2\right] \quad (6-17)$$

式中，$v_r$ 为电机动子运动速度；$I'$ 为等效转子感应相电流；$I_1$ 为初级相电流；$R_2'$ 为每相等效转子电阻；$v_s$ 为同步速度；$S$ 为转差率；$G$ 为品质因数；$W_{se}$ 为等效定子宽度；$\tau$ 为极距；$p$ 为极对数；$J_m$ 为初级等效电流层幅值；$g_e$ 为有效气隙长度。

实际应用模型一般为单边型结构，次极可以是 Al、Cu、Fe 等，或是Al-Fe、Cu-Fe 等复合次级。采用复合次级，背铁不仅作为磁路，也作为电路的一部分。在轨道牵引领域，最常用的为铝板—背铁结构，这种结构不仅成本较低，而且速度—推力特性好，其模型如图 6-20 所示。图 6-21 所示为高温超导线圈初级直线异步电机模型在不同频率下的速度—推力特性。

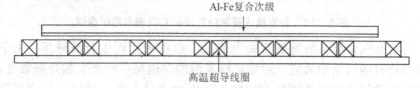

Al-Fe复合次级

高温超导线圈

图 6-20　高温超导线圈初级直线异步电机模型

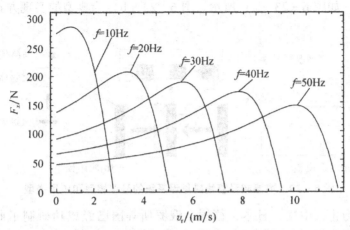

图 6-21 高温超导线圈初级直线异步电机模型在不同频率下的速度—推力特性

## 六、全超导型高温超导直线同步电机

将常规 PMLSM 的初级铜线圈和次级永磁体，分别由高温超导导线线圈和高温超导块材磁体取代，于是可设计得到全超导型高温超导直线同步电机。另外，也可以得到由高温超导线圈初级和高温超导线圈磁体次级组成另一种全超导型高温超导直线同步电机。

这种利用高温超导导线线圈和高温超导块材磁体的全超导型高温超导直线同步电机原理模型如图 6-22 所示，其工作特性可以结合其他类型高温超导直线同步电机的特性分析得到。

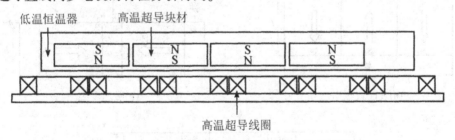

图 6-22 全超导型高温超导直线同步电机原理模型

## 七、高温超导磁悬浮技术

### （一）超导永磁斥力型

永磁斥力型高温超导磁悬浮系统，其主要结构由高温超导块材和永磁轨道组成，如图 6-23（a）所示。图 6-23（b）为典型的实现方式。

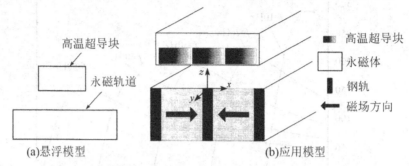

图 6-23　高温超导直线磁悬浮系统的悬浮模型和应用模型

迄今为止，中国、日本、德国、俄罗斯等国已经成功研制了此类型可载人的高温超导磁悬浮模型车。除了通常建造的一些短的直线试验测试线外，巴西的里约联邦大学在 2003 年建造了一条用于高温超导磁悬浮车的环形试验线 1∶283。为了建造更稳定的磁悬浮系统，很多研究单位对永磁轨道进行了优化设计，并通过添加一些磁性材料或铁磁材料设计了一些混合型高温超导磁悬浮系统。

目前，高温超导直线悬浮电机常用的三种永磁轨道分别如图 6-24 所示。对应不同的轨道形式，可以应用等效电流片（current sheet）方法建立其等价模型，用于分析其磁场分布特性。图 6-25（a）～（c）分别为上述不同轨道的等价模型，其中 $w$ 为 $x$ 轴上的坐标。

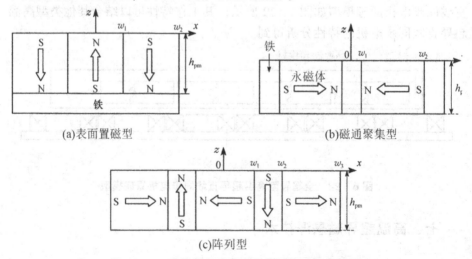

图 6-24　高温超导直线磁悬浮的永磁轨道模型

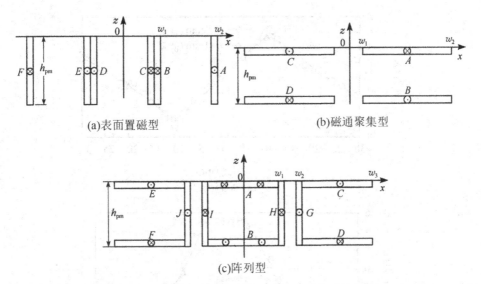

(a)表面置磁型　　　(b)磁通聚集型

(c)阵列型

**图 6-25　高温超导直线悬浮的永磁轨道电流片模型**

## 1. 表面置磁型

对于表面置磁型永磁轨道，应用等价电流片模型见图 6-26（a），采用毕奥-萨伐尔定律，可求得沿横截面方向磁通密度的水平和法向分量的数值解析表达式分别为

$$B_x = \frac{\mu_0 M_0}{4\pi} \left[ \begin{array}{l} \ln \dfrac{(\omega_2 - x)^2 + (z + h_{pm})^2}{(\omega_2 - x)^2 + z^2} - 2\ln \dfrac{(\omega_1 - x)^2 + (z + h_{pm})^2}{(\omega_1 - x)^2 + z^2} \\[3mm] + 2\ln \dfrac{(-\omega_1 - x)^2 + (z + h_{pm})^2}{(\omega_1 - x)^2 + z^2} - \ln \dfrac{(-\omega_2 - x)^2 + (z + h_{pm})^2}{(-\omega_2 - x)^2 + z^2} \end{array} \right]$$

$$(6-18)$$

$$B_z = \frac{\mu_0 M_0}{2\pi}$$

$$\left[ \begin{array}{l} \arctan \dfrac{-h_{pm}}{\omega_2 - x} - \arctan \dfrac{-z}{\omega_2 - x} + 2\arctan \dfrac{-z}{\omega_1 - x} - 2\arctan \dfrac{-h_{pm} - z}{\omega_1 - x} \\[3mm] - 2\arctan \dfrac{-z}{-\omega_1 - x} + 2\arctan \dfrac{-h_{pm} - z}{-\omega_1 - x} + \arctan \dfrac{-z}{-\omega_2 - x} - \arctan \dfrac{-h_{pm} - z}{-\omega_2 - x} \end{array} \right]$$

$$(6-19)$$

如图 6-26 所示的磁场分布，为表面置磁型永磁轨道上方 1mm 处的磁通密度数值计算结果与实测值的比较。

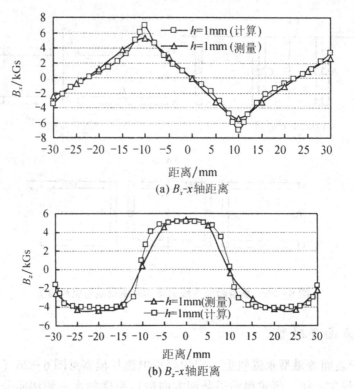

(a) $B_x$-$x$轴距离

(b) $B_z$-$x$轴距离

图6-26　表面置磁型永磁轨道上方1mm处的磁场分布

## 2. 磁通聚集型

　　类似的，磁通聚集型永磁轨道磁场分布数学模型可分别用式（6-20）和式（6-21）表示。轨道上方1mm处磁场分布的数值计算结果与实测值如图6-27所示。

$$
B_x = \frac{\mu_0 M_0}{2\pi}
\begin{bmatrix}
-\arctan\dfrac{\omega_2 - x}{z} + \arctan\dfrac{\omega_1 - x}{z} + \arctan\dfrac{\omega_2 - x}{h_{\mathrm{pm}} + z} \\[2mm]
-\arctan\dfrac{\omega_1 - x}{h_{\mathrm{pm}} + z} + \arctan\dfrac{-\omega_2 - x}{z} + \arctan\dfrac{-\omega_1 - x}{z} \\[2mm]
+\arctan\dfrac{-\omega_2 - x}{h_{\mathrm{pm}} + z} - \arctan\dfrac{-\omega_1 - x}{h_{\mathrm{pm}} + z}
\end{bmatrix}
$$

$$(6-20)$$

$$B_z = \frac{\mu_0 M_0}{4\pi} \left[ \begin{array}{c} \ln \dfrac{(x-\omega_2)^2 + z^2}{(x-\omega_1)^2 + z^2} + \ln \dfrac{(x-\omega_1)^2 + (z+h_{pm})^2}{(x-\omega_2)^2 + (z+h_{pm})^2} \\ + \ln \dfrac{(x+\omega_2)^2 + z^2}{(x+\omega_1)^2 + z^2} + \ln \dfrac{(x+\omega_1)^2 + (z+h_{pm})^2}{(x+\omega_2)^2 + (z+h_{pm})^2} \end{array} \right]$$

$$(6-21)$$

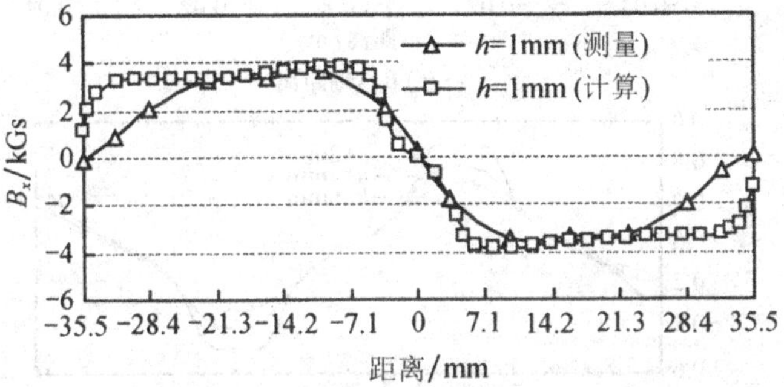

(a) $B_x$-$x$轴距离

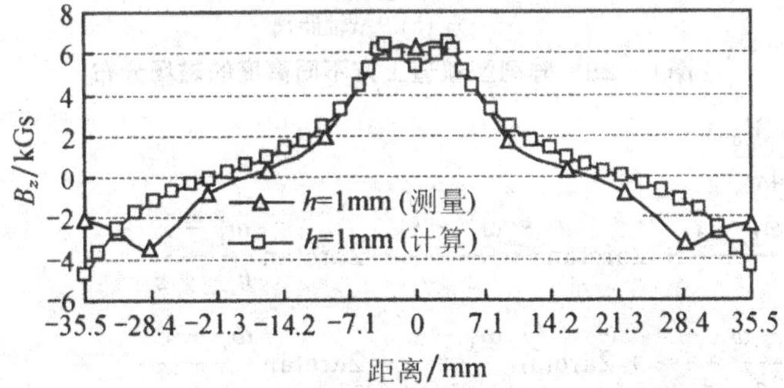

(b) $B_z$-$x$轴距离

图 6-27 磁通聚集型永磁轨道上方 1mm 处的磁场分布

## 3. 阵列型

阵列型即海尔贝克型（Halbach），永磁轨道磁场分布数学模型分别可用式（6-22）和式（6-23）来表示。轨道上方不同高度处的磁场分布如图 6-28所示。

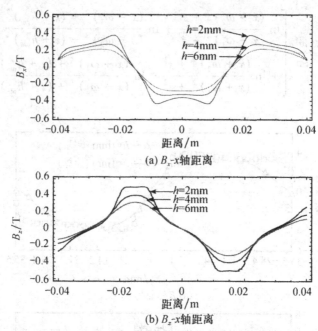

(a) $B_x$-$x$轴距离

(b) $B_z$-$x$轴距离

**图 6-28 阵列型轨道上方不同高度的磁场分布**

$$B_x = \frac{\mu_0 M_0}{4\pi}$$

$$
\begin{bmatrix}
-2\arctan\dfrac{\omega_1 - x}{z} + 2\arctan\dfrac{-\omega_1 - x}{z} + 2\arctan\dfrac{\omega_1 - x}{h_{pm} + z} \\[2mm]
-2\arctan\dfrac{-\omega_1 - x}{h_{pm} + z} + 2\arctan\dfrac{\omega_3 - x}{z} - 2\arctan\dfrac{\omega_2 - x}{z} \\[2mm]
-2\arctan\dfrac{\omega_3 - x}{h_{pm} + z} + 2\arctan\dfrac{\omega_2 - x}{h_{pm} + z} - 2\arctan\dfrac{-\omega_3 - x}{z} + 2\arctan\dfrac{-\omega_2 - x}{z} \\[2mm]
+2\arctan\dfrac{-\omega_3 - x}{h_{pm} + z} - 2\arctan\dfrac{-\omega_2 - x}{h_{pm} + z} + \ln\dfrac{(\omega_2 - x)^2 + (z + h_{pm})^2}{(\omega_2 - x)^2 + z^2} \\[2mm]
-\ln\dfrac{(\omega_1 - x)^2 + (z + h_{pm})^2}{(\omega_1 - x)^2 + z^2} - \ln\dfrac{(-\omega_1 - x)^2 + (z + h_{pm})^2}{(-\omega_1 - x)^2 + z^2} \\[2mm]
\ln\dfrac{(-\omega_2 - x)^2 + (z + h_{pm})^2}{(-\omega_2 - x)^2 + z^2}
\end{bmatrix}
$$

$$(6-22)$$

$$B_z = \frac{\mu_0 M_0}{4\pi}$$

$$
\begin{bmatrix}
- \ln \dfrac{(\omega_1 - x)^2 + z^2}{(x - \omega_1)^2 + z^2} + \ln \dfrac{(\omega_1 + x)^2 + (z + h_{pm})^2}{(x - \omega_1)^2 + (z + h_{pm})^2} \\[2ex]
+ \ln \dfrac{(x - \omega_2)^2 + z^2}{(x - \omega_3)^2 + z^2} - \ln \dfrac{(x - \omega_2)^2 + (z + h_{pm})^2}{(x - \omega_3)^2 + (z + h_{pm})^2} \\[2ex]
+ \ln \dfrac{(x + \omega_3)^2 + z^2}{(x + \omega_2)^2 + z^2} - \ln \dfrac{(x + \omega_3)^2 + (z + h_{pm})^2}{(x + \omega_2)^2 + (z + h_{pm})^2} - 2\arctan \dfrac{-z}{\omega_2 - x} \\[2ex]
+ 2\arctan \dfrac{-h_{pm} - z}{\omega_2 - x} + 2\arctan \dfrac{-z}{\omega_1 - x} - 2\arctan \dfrac{-h_{pm} - z}{\omega_1 - x} \\[2ex]
+ 2\arctan \dfrac{-z}{-\omega_1 - x} - 2\arctan \dfrac{-h_{pm} - z}{\omega_1 - x} + 2\arctan \dfrac{-h_{pm} - z}{-\omega_2 - x} \\[2ex]
- 2\arctan \dfrac{-z}{-\omega_2 - x}
\end{bmatrix}
\tag{6-23}
$$

高温超导块材在永磁轨道上方的受力情况如图 6-29 所示，根据洛伦兹力公式可得高温超导块材在永磁轨道上方某一位置 $(x, y, z)$ 受力的悬浮力 $(F_{Lev})$ 和导向力 $(F_{Gui})$ 分别为

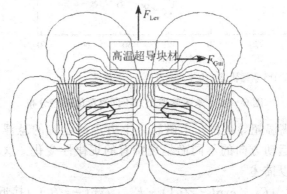

**图 6-29　高温超导块材与永磁轨道相互作用示意图**

$$
F_{Lev} = \int_0^H \int_{L/2}^{L/2-\delta} \int_{W/2}^{W/2-\delta} J_c B_x \,dx\,dy\,dz
\tag{6-24}
$$

$$
F_{Gui} = \int_0^H \int_{L/2}^{L/2-\delta} \int_{W/2}^{W/2-\delta} J_c B_z \,dx\,dy\,dz
\tag{6-25}
$$

式中，$J_c$ 为临界电流密度；$B_x$ 为横向磁通密度；$B_z$ 为垂直方向磁通密度；$L$、$W$、$H$ 分别为高温超导块材长、宽、高；$\delta$ 为磁场穿透密度。并且有

$$
\delta = \frac{B_z - B_{zfc}}{\lambda \mu_0 J_c}
\tag{6-26}
$$

式中，$B_{zfc}$ 为超导块材捕获磁场；$\lambda$ 为由样品形态决定的长岗系数。

针对所设计的永磁轨道，轨道上方不同高度沿垂直方向和横向方向的磁通密度分布测量与仿真结果如图 6-30 所示。

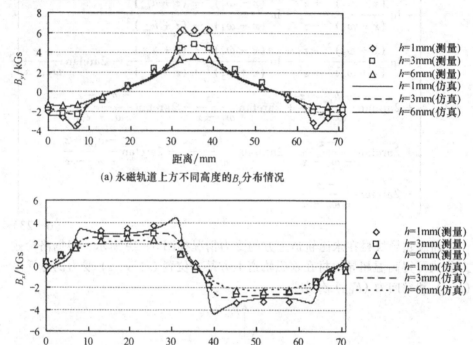

(a) 永磁轨道上方不同高度的 $B_y$ 分布情况

(b) 永磁轨道上方不同高度的 $B_x$ 分布情况

**图 6-30　永磁轨道上方不同高度的磁场分布**

场冷后，高温超导块材在永磁轨道上方不同位置的悬浮力不同，且随位置的变化和运动方向的不同而呈现特有的规律性变化，这种关系可以用以下方程来加以描述

$$F = \begin{cases} F_{\text{Lev\_1}}\exp(-z/\alpha 1) - F_{\text{Gui\_1}}\exp(-z/\beta_1) & (\text{接近}) \\ F_{\text{Lev\_2}}\exp(-z/\alpha 1) - F_{\text{Gui\_2}}\exp(-z/\beta_2) & (\text{离开}) \end{cases} \quad (6-27)$$

式中，$F_{\text{Lev\_1}}$ 和 $F_{\text{Gui\_1}}$ 分别为高温超导块材朝永磁轨道运动时的悬浮力和导向力；$F_{\text{Lev\_2}}$ 和 $F_{\text{Gui\_2}}$ 分别为高温超导块材远离永磁轨道时的悬浮力和导向力；$\alpha_1$、$\alpha_2$、$\beta_1$、$\beta_2$ 为常数，它们与超导块材自身性质和轨道磁场的分布密切相关；$z$ 为高温超导块材和永磁轨道之间的距离。

基于方程（6-27）的高温超导块材与永磁轨道之间悬浮力以及两者之间位移和运动方向的定性关系曲线如图 6-31、图 6-32 和图 6-33 所示。

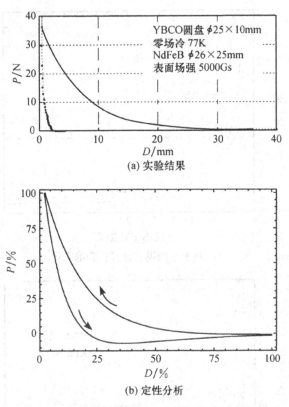

(a) 实验结果

(b) 定性分析

**图 6-31　高温超导体与永磁体之间的磁悬浮力**

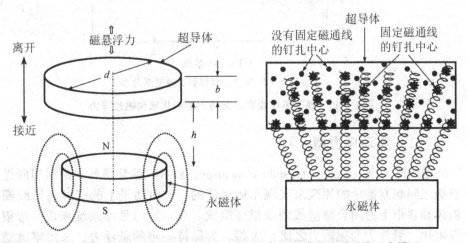

（a）高温超导磁悬浮分析示意图　　（b）高温超导磁悬浮系统示意模型

**图 6-32　高温超导磁悬浮模型**

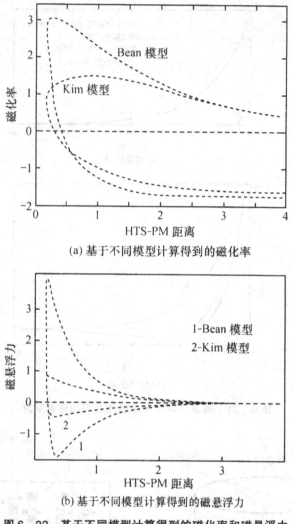

(a) 基于不同模型计算得到的磁化率

(b) 基于不同模型计算得到的磁悬浮力

**图 6-33　基于不同模型计算得到的磁化率和磁悬浮力**

## （二）电动斥力型

电动斥力型（electro dynamic suspension，EDS）磁悬浮列车是利用同性磁极之间相互推斥的原理来实现车辆悬浮的，它由动子上的高温超导线圈磁体和轨道上的闭合感应线圈或铝环组成。对一定的悬浮系统来说，希望浮阻比（悬浮力与磁阻力之比）大些。为保持一定的悬浮力，采用零磁通法，便可在不减小浮力的条件下，减小线圈电流的磁阻力。日本山梨试验线上跑行的高温超导磁悬浮列车正是应用了该类型悬浮方式，也是目前最

为成功的 EDS 系统，如图 6－34 所示。这种方法采用的悬浮导向线圈为
"8"字形结构，上下半部线圈的交链磁通将互相抵消，因此在线圈中无感
应电流和悬浮力产生。向下移动超导线圈时，上下线圈间的交链磁通不均
衡，交链磁通的差值与位移成正比。电流及悬浮力也与下降位移成正比。
当磁悬浮列车保持静止或者行驶速度小于 80km/h 时，感应电流未足够大到
使车体浮起，因此在这些情况下需要车轮来起支撑作用。

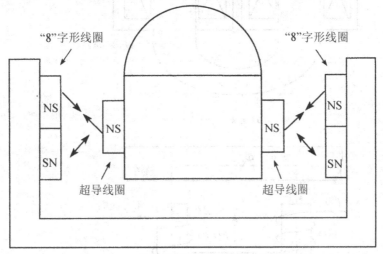

**图 6－34　高温超导电动斥力型磁悬浮模型**

从悬浮力和导向力解析表达式中可以看到，悬浮/导向线圈和电枢线圈
之间产生的电磁力为运动速度和位移的函数。为了实现稳定悬浮导向，需
要通过很大的电枢电流，而用于导向的电流则相对要小。

### （三）　电磁吸引型

电磁吸引型（electro magnetic suspension，EMS）是电磁力主动控制悬
浮，不管列车运行与否，即使在静止时都能实现悬浮，因此列车可以是低
速的也可以是高速的。应用高温超导线材的 EMS 磁悬浮系统可以由若干 U
形铁芯及其高温超导线圈和永磁轨道组成，如图 6－35（a）所示。每个 U
形铁芯上绕有一个或两个高温超导线圈以构成两个磁极，由磁极产生的磁
场与永磁轨道构成闭合回路，从而产生吸力，实现系统的悬浮。图 6－35
（b）为混合型 EMS 模型，励磁线圈由铜线圈绕组和高温超导线圈绕组共同
组成。采用这种方式实现超导线圈的冷却要容易些，只需冷却一组线圈
即可。

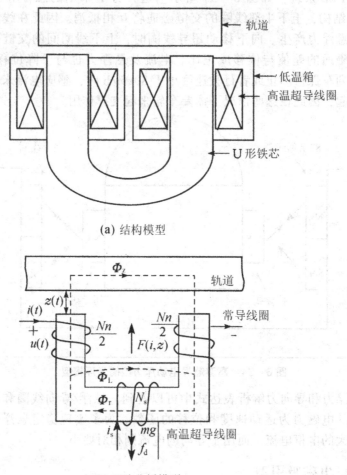

(a) 结构模型

(b) 理论分析模型

**图 6-35　高温超导电磁吸引型磁悬浮模型**

假定 EMS 磁悬浮系统垂直向下为 z 正方向，根据牛顿定律可以得到运动方程为

$$m \frac{\mathrm{d}^2 z}{\mathrm{d}t^2} = mg - F \qquad (6-28)$$

式中，$m$ 为动子质量；$g$ 为重力加速度；$F$ 为使动子保持在工作位置由电磁体产生的沿垂直方向的力。

对于图 6-35 (a) 的全超导模式，电磁体的电路可用下式表示

$$V_\mathrm{c} = RI + L \frac{\mathrm{d}I}{\mathrm{d}t} + NA \frac{\mathrm{d}B}{\mathrm{d}t} \qquad (6-29)$$

式中，$V_c$为输入电压；$R$为线圈电阻；$L$为漏电感；$N$为线圈匝数；$A$为磁极横截面积；$I$为线圈电流；$B$为磁通密度。

电磁力$F$、磁通密度$B$、气隙长度$G$和线圈电流$I$为EMS磁悬浮系统中4个最重要的变量，$F$与$B$成正比。当气隙恒定时，$B$与$I$成正比；当线圈电流恒定时，$B$与$G$成反比。因此，可以通过控制线圈工作电流$I$和气隙长度$G$来得到合适的电磁力$F$。

## 第三节　高温超导直线电机的应用与发展状况

### 一、高温超导直线电机的应用

#### （一）高温超导直线电机

#### 1. 零场冷高温超导块材次级直线同步电机

日本在高温超导直线电机技术方面做了比较多的研究。2000年，日本早稻田大学设计了一台高温超导块材次级直线传动装置，如图6-36所示。该装置为单边型，其主要特点是能实现悬浮推进。该装置初级和次级分别由铁芯铜绕组和YBCO块材组成。在铜绕组两边为永磁铁，以纵向极性相同、横向极性交替的方式排列。在直线传动装置中用到了两种类型的高温

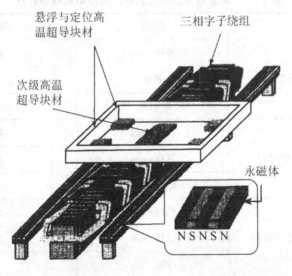

图6-36　日本早稻田大学的高温超导块材次级直线同步电机模型

超导块材，一块零场冷却块材置于次级的中央，用来产生推力；四块场冷却块材位于永磁铁上方，用于次级的悬浮和导向。

此外，日本九州大学还提出了一种用于无绳直线电梯推进的高温超导块材次级直线同步电机结构模型（如图6-37所示，其参数见表6-1），以及组合了自导向和自悬浮系统的高温超导块材次级直线同步电机（图6-38），并得到了比较好的仿真效果，但还需要实际模型的验证。

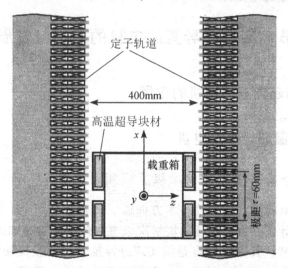

图6-37　日本九州大学的高温超导块材次级直线同步电机模型

表6-1　高温超导块材次级直线同步电机模型参数

| 结构 | 参数 | 数值 |
| --- | --- | --- |
| 初级铜绕组 | 极距/mm | 84 |
| | 线圈匝数 | 50 |
| | 线圈阻值/Ω | 0.8 |
| 次级高温超导块材 | 长度/mm | 84 |
| | 宽度/mm | 47 |
| | 厚度/mm | 3 |
| 悬浮用高温超导块材 | 长度/mm | 25 |
| | 宽度/mm | 25 |
| | 厚度/mm | 5 |

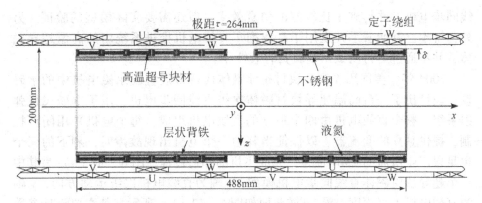

**图 6 – 38　高温超导块材次级直线同步电机模型**

## 2. 高温超导块材磁体次级直线同步电机的发展

　　日本早稻田大学设计的一台双边型高温超导块材磁体次级直线同步传动装置，如图 6 – 39 所示。初级为双边铁芯铜绕组，采取了短节距绕组方式，可以分成两部分：①起动部分，次级像感应电机一样被加速；②同步部分，次级以一定的同步速度向前运动。次级用到两块场冷却 YBCO 超导块材，以一定的间距排列，两边用铜板夹住，固定在次级的中间。为了更平稳地推动次级向前运动，在次级的两边还装上了轴承。实验中 YBCO 超导块材浸入液氮中。此外，日本九州大学还提出了一些新型高温超导直线电机，包括用于无绳直线电梯推进的高温超导块材直线同步电机和高温超导块材直线磁阻电机，以及组合了自导向和自悬浮系统的高温超导块材直

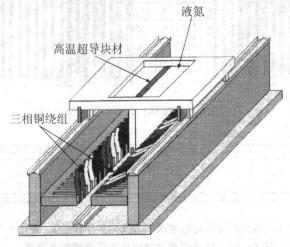

**图 6 – 39　双边型高温超导块材磁体次级直线同步电机模型**

线同步电机，并得到了比较好的仿真效果，但还需要实际模型的验证。另外，日本已开始着手开发用于悬浮列车直线电机推进系统用的高温超导磁体，并将通过运行测试来检验其有效性。

2004 年，美国用 YBCO 块材超导磁体代替常规直线永磁电机中的永磁铁，设计出了一台高温超导块材磁体次级直线同步电机，用于电磁飞机弹射系统。整个直线电机由四个独立的直线电机组成，每个电机采用闭环控制，提供独立的变流器，以保证当其中一个电机出现故障时，剩下的三个也足以产生所需的 2MN 推力，完成飞机的弹射过程。图 6-40（a）为其中一个超导块材磁体直线同步电机模型，z 轴为直线电机次级运动方向，y 轴为直线电机垂直深度，沿 xy 横截面如图 6-40（b）所示；其主要设计参数见表 6-2。对 LBSCMM 与常规直线永磁同步电机和直线感应电机之间的性能进行比较，当超导块材磁体工作在低于 40K 的温度时，LBSCMM 具有体积小、质量轻、功率因数高（接近于整功率因数）等突出优点，而且推力几乎呈正弦分布，远远优于常规直线电机。随着高温超导材料技术的继续发展，超导块材捕获磁场的继续提高，以及低温操作成本的不断降低，LB-SCMM 将可能成为未来用于研制飞机电磁弹射系统最好的选择。

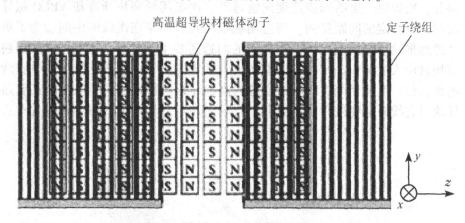

（a）高温超导块材磁体次级直线同步电机模型

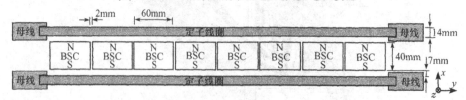

（b）高温超导块材磁体次级直线同步电机沿 xy 横截面

图 6-40　高温超导块材磁体次级直线同步电机

表6-2 高温超导块材磁体次级直线同步电机模型主要设计参数

| 参　　数 | 超导块材工作温度 77K | 超导块材工作温度 40K |
|---|---|---|
| 超导块材几何尺寸 | | |
| 厚度/cm | 4 | 4 |
| 沿运动方向长度/cm | 6 | 6 |
| 宽度/cm | 6 | 6 |
| 极距/cm | 8.4 | 8.4 |
| 线圈几何尺寸 | | |
| 线圈横截面宽度/cm | 1.4 | 1.4 |
| 线圈横截高度/cm | 1.4 | 1.4 |
| 线圈长度/cm | 49.2 | 49.2 |
| 匝数 | 1 | 1 |
| 最大电流密度/（A/mm$^2$) | 30 | 30 |
| 转子尺寸和质量 | | |
| 转子总长度/cm | 638 | 235 |
| 转子总高度/cm | 214 | 214 |
| 转子总质量/kg | 2485 | 916 |
| 工作和等价电路参数 | | |
| 同步速度/（m/s) | 103 | 103 |
| 相对于最终速度时的频率/Hz | 613 | 613 |
| 初级线圈电阻/μΩ | 114 | 114 |
| 电感/μH | 0.052 | 0.052 |
| 电抗/mΩ | 0.2 | 0.2 |
| 功率因素 cos $\varphi$（速度为103m/s 时） | 0.999 | 0.999 |

电子科技大学应用超导与电工技术研究中心在国家高科技研究发展"863"计划支持下,于2008年研制了一台5.2m试验推力1000N的单边型高温超导块材磁体次级直线同步电机和一台3.7m单边型高温超导块材次级直线磁阻电机。电机同时结合了高温超导磁悬浮系统,从而使得电机可以实现无摩擦悬浮推进,并具有损耗小、效率高等一系列优点。混合型高温超导块材磁体直线磁悬浮同步电机的物理原理模型如图6-41所示,这也成为中国研发的首台真正意义上的高温超导直线电机。

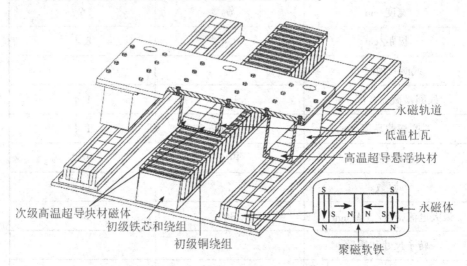

图6-41 混合型高温超导块材磁体直线磁悬浮同步电机原理结构

### 3. 高温超导初级线圈直线同步电机应用

2001年,韩国设计了一台高温超导线圈初级直线同步电机,初级和次级分别由有背铁辅助的6个双饼盘式Bi-2223高温超导线圈单元(40t-9.8m)和4块永磁体组成,其结构如图6-42所示,参数见表6-3。在测试中,高温超导线圈通过GM制冷机传导冷却的方式被冷却到33K,工作电流为150A,实验测得电机的最大静态推力为500N。由于超导电机的初级线圈只有很少的匝数和很高的电流密度,计算得到的感应系数、电动势常数、力常数比常规直线电机的要小得多。

表6-3 直线电机模型的主要参数

| 参数 | 数值 |
| --- | --- |
| 静止最大推力/N | 500 |

续表

| 参数 | 数值 |
|:---:|:---:|
| 极数 | 12 |
| 线圈节距/mm | 60 |
| 永磁体极距/mm | 45 |
| 永磁体宽度/mm | 50 |
| 永磁体厚度/mm | 10 |
| 气隙/mm | 12 |
| 安匝数/At | 5300 |

（a）理论模型

（b）高温超导线圈　　（c）推力测试系统

**图 6-42　高温超导线圈初级直线同步电机**

　　圆筒形高温超导线圈初级直线同步电机，采用含有环形高温超导线圈的初级定子与含有永磁体的次级动子，共同形成永磁同步驱动机构和推进力。通常直线电机的动子和定子为平直形状，而这种直线电机采用圆筒形状。实质上，这种结构的原理与上述永磁同步型电机相同，仅是结构的演变而已。这种电机的结构原理如图 6-43（a）所示。由德国设计制备的概念模型机采用双饼型高温超导线圈，定子绕组由高温超导带材 BSCCO（工作于 65K）或 YBCO 涂层导体（工作于 77K）制成，动子采用永磁体 NdFeB，工作频率上限 10Hz，短步距 70mm，名义计算推力 10000N，且力的密度为相同尺寸常导电机的 2~3 倍，其设计结构如图6-43（b）所示。

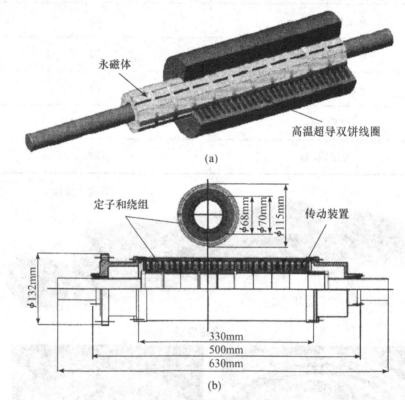

（a）

（b）

**图 6-43　圆筒形高温超导线圈初级永磁推进型直线同步电机示意图**

## 4. 高温超导线圈磁体次级直线同步电机应用

作为应用实例，日本开发的用于电磁吸引型磁悬浮列车的直线同步电机的次级线圈磁体内部结构图如图 6-44 所示，高温超导线圈磁体的参数见表 6-4。

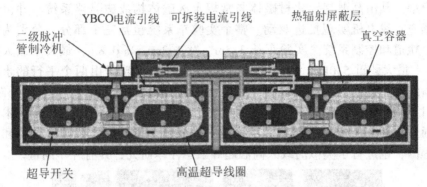

**图6-44　磁悬浮列车用高温超导直线同步推进电机线圈磁体**

**表6-4　电磁吸引型超导磁悬浮装置磁路主要参数**

| 参数 | 数值 |
| --- | --- |
| 磁动势/kA | 750 |
| 线圈数 | 4 |
| 线圈形状 | 跑道形 |
| 线圈尺寸/（mm×mm） | 1700×500 |
| 额定电流/A | 536 |
| 平均匝数 | 1400 |
| 超导材料 | Bi-2223/Ag |
| 电流衰减率/（%/d） | <1 |
| 线圈工作温度/K | <20 |
| 辐射屏蔽层温度/K | <75 |
| 低温制冷机 | GM-2极脉冲管制冷机 |

## （二）高温超导磁悬浮系统

### 1. 超导永磁排斥型高温超导磁悬浮系统应用

2000年12月，西南交通大学超导技术研究所研发制备了我国首台可载人演示的高温超导磁悬浮实验车。如图6-45所示为该高温超导磁悬浮实验车模型，其由高温超导块材磁体与常规永久磁体构成磁悬浮系统，并由传统感应直线电机实现推进驱动。整个实验车系统包括三个部分，分别为车体、轨道和控制系统。实验车长 3.5m、宽 1.2m、高 0.8m，最大承载人数 5 人，最大载重 530kg，悬浮气隙超过 20mm。悬浮轨道由两个平行的永磁轨道组成，表面最大磁场超过 1.2T，整个勒道长 15.5m。实验车的研制，探讨了相关的高温超导磁悬浮技术问题，并推进了高温超导磁悬浮技术在交通运输领域的应用研究和实用化技术的发展。俄罗斯、德国、日本和巴西等国，也进行了类似的载人高温超导磁悬浮车研究，并有样车问世。

**图 6 - 45　排斥型高温超导磁悬浮应用模型**

## 2. 电动斥力型高温超导磁浮应用

日本采用低温超导磁体电动斥力（EDS）技术的高速列车系统是目前最成功的 EDS 系统。日本于 1962 年开始 EDS 系统的研究工作，1970 年开始对低温超导磁悬浮列车的研究，并于 1977 年建成了宫崎试验线，1977 年建成了山梨试验线，并进行了低温超导磁悬浮列车的实际运行测试。应用 NbTi/Cu 低温超导线圈磁体与轨道上的"8"形闭合线圈相互作用，产生悬浮力和导向力，并于 2003 年 12 月创造了 581km/h 的世界纪录。1999 年，东海旅客铁道公司开始了基于高温超导线圈的 EDS 型磁悬浮列车的研究，随后开发了一个基于 Bi - 2223/Ag 带材的高温超导线圈磁体，用于磁悬浮车的运行测试，如图 6 - 46 所示，并于 2005 年 12 月创造了 553.9km/h 的当时最高时速。

图 6-46 用于磁悬浮列车运行测试的高温超导线圈磁体

### 3. 电磁吸引型高温超导磁悬浮系统模型

2005 年，清华大学应用超导研究中心设计了一台 EMS 型高温超导悬浮实验装置，它由 4 个独立的磁路控制单元组成，每个 U 形铁芯上绕有两个 Bi-2223 高温超导线圈构成两个磁极，与轨道产生引力，以使动子被吸引悬浮，其模型如图 6-47 所示。悬浮系统可以产生的最大吸引力为 340N，气隙长 5mm。

图 6-47 EMS 型高温超导直线悬浮实验模型

## 二、高温超导直线电机和磁悬浮系统的应用前景

与传统直线电机相比，高温超导直线电机具有的优点如下。①推力大。高温超导导线的高临界电流密度，使得高温超导初级线圈能通过更高的电流和产生更高的场强。采用高温超导块材磁体作次级，可产生更高的推力/质量比。推力受速度的影响小。②悬浮力大。负荷或动子可获得更高的且

具有自稳定性的磁悬浮或吸引力。③功率因数高。明显的高功率因数，可降低功率电子变换器的尺寸和成本。④体积小、质量轻。大型直线电机的这一优点更为明显。

在交通运输领域，高温超导直线电机运用于磁悬浮列车的推进，将使磁悬浮列车具有高速、噪声小、控制技术简单等一系列突出优点。除了作为远距离高速交通列车外，更有望成为相近城市之间的快速连接、机场与市内连接，以及城市内新型交通工具，给21世纪交通运输的发展和变革带来了新的先进技术方案。利用高温超导直线电机推进的电磁船，具有无振动、无磨损、无噪声和控制灵活等特点，从而运行速度可大大超过目前常规海轮的速度。

在工业领域，高温超导直线电机有望在生产运输装置、机械加工设备、型材轧制牵引机、磁分离装置，以及冶金和纺织工业设备中得到广泛的应用。在军事领域，高温超导直线电机可用来开发电磁炮、轨道炮，也可用于鱼雷、导弹、火箭的发射系统，航空母舰上的飞机电磁弹射系统以及航天器的发射系统等。

由于高温超导直线电机特有的优势，决定了它将具有非常广泛的应用和发展前景。

（1）高温超导直线电机运用于高温超导磁悬浮列车的推进，将使磁悬浮列车不仅有快捷（大于500km/h）、安全、噪声小（约60dB）等优点，而且，与由常规和低温超导直线电机推进的磁悬浮列车相比，高温超导直线电机推进磁悬浮列车具有成本低、控制技术简单、速度高等特点，除了直接作为远距离高速交通列车外，更有望成为相近城市（500km左右）之间的快速连接、机场与市内连接以及城市内新型交通工具。它将极大地推动磁悬浮列车技术的发展，加快商业化进程，使磁悬浮列车成为21世纪最为理想的绿色交通工具，给交通运输带来翻天覆地的变革。作为未来的交通技术，高温超导直线电机还为速度高达 $2 \times 10^4$ km/h 的真空管道极高速列车提供了一种有效的推进方案。

（2）高温超导直线电机可用于电磁船的推进，它的利用原理是：海水是导体，通电海水在强磁场作用下产生电磁力，让受力海水由船尾直接高压喷水推动船舶高速、无声航行。超导直线电磁推进船具有无振动、无磨损、无噪声和控制灵活等特点，而且由于没有螺旋桨，在高速运转时就不存在"空泡"现象，从而运行速度可大大超过目前常规海轮的速度。早在1992年，日本研制出世界上第一艘LTS直线式磁流体推进船"大和一号"，并下水试航成功。随着高温超导磁体技术的发展，当超导磁体产生的磁场超过20T时，高温超导直线电磁推进船在运输和军事领域将有重大的实际应用价值。

（3）在工业领域，高温超导直线电机有望在锻压设备、机械加工机床设备、型材轧制牵引机、铁磁分离器以及冶金工业、纺织工业设备中得到广泛的应用。在生产输送方面，高温超导直线电机可用于生产输送线，如在垂直输送方面的直线电机电梯、升降机；在平面输送方面的半导体生产线的超净搬运系统，汽车、钢材生产输送线，电气、电子、机械加工生产线，食品加工线，制药生产线等各种工业加工线和各种检测线，这将极大地提高生产和运输效率。

（4）在军事领域，高温超导直线电机可用来开发各种电磁炮、轨道炮，由于弹丸与炮筒无接触摩擦，射程远、准确度高、发射时无烟雾火光及冲击波、隐蔽性强。高温超导直线电机可用于鱼雷、导弹、火箭、滑翔机等的发射系统，由于在发射时速度极高，且无声、无烟，从而可以大幅度提高武器发射速度，提高隐蔽性，增强战斗力。此外，高温超导直线电机还可用来开发航空母舰上的飞机电磁弹射系统，美国已有相关实验模型装置问世，通过与提供同样推力的常规直线电机相比，高温超导直线电机具有体积小、质量轻、功率因数高等显著的优点。

（5）随着高温超导材料技术的继续发展和低温制冷成本的降低，高温超导直线电机也将获得更普遍和广泛的应用。在医疗、天文观测、自动化设备等领域中也将有着广阔的应用前景。在民用方面，尤其是针对民用的大型设备，也大有发展空间，如驱动大型门窗、洗衣机、空调、电冰箱、干燥机、针织机、制茶机和游乐设施等。

高温超导材料已被逐步应用到直线电机的研究和实际装置模型开发工作中，并取得了一系列的科研和工业化成果，高温超导直线电机的研究也在逐渐系统化。随着高温超导材料及相关应用技术的发展，高温超导直线电机必将有更好的实用化发展和应用前景。

# 参考文献

[1] 陈韶章, 吴俊泉. 直线电机轮轨交通技术在广州市轨道交通中的应用 [J]. 地铁与轻轨, 2003 (6): 1-9.

[2] 陈穗九. 直线电机城轨交通系统的选择 [J]. 都市快轨交通, 2006 (1): 35-39.

[3] 冯雅薇. 直线电机地铁车辆-轨道动力相互作用 [D]. 北京: 北京交通大学, 2005.

[4] 冯雅薇, 魏庆朝. 直线电机系统特点及应用分析 [J]. 世界轨道交通, 2005 (3): 49-51.

[5] 冯雅薇, 魏庆朝, 孔令洋. 直线电机地铁系统技术经济分析研究 [J]. 都市快轨交通, 2005, 2 (18): 25-28.

[6] 高亮. 轨道及道岔专题. 加拿大直线电机轮轨交通系统考察报告 [R]. 北京: 北京城市轨道交通研究中心, 2004.

[7] 高亮, 郝建芳. 直线电机轨道交通的轨道结构 [J]. 都市快轨交通, 2006, 19 (4): 59-320.

[8] 郭薇薇. 风荷载作用下大跨度桥梁的动力响应及行车安全性分析 [D]. 北京: 北京交通大学, 2004.

[9] 郭薇薇, 夏禾, 徐幼麟. 风荷载作用下大跨度悬索桥的动力响应及列车运行安全性分析 [J]. 工程力学, 2006, 23 (2): 103-110.

[10] 郭薇薇, 夏禾. 直线电机列车作用下高架桥的动力响应分析 [J]. 中国铁道科学, 2007, 28 (4): 55-60.

[11] 郭文华, 郭向荣, 曾庆元. 京沪高速铁路南京长江大桥斜拉桥方案车桥系统振动分析 [J]. 土木工程学报, 1999, 32 (3): 23-27.

[12] 郭向荣, 曾庆元. 高速铁路多Ⅱ形预应力混凝土梁桥动力特性及列车走行性分析 [J]. 铁道学报, 2000, 22 (1): 72-78.

[13] 顾保南, 叶霞飞. 城市轨道交通工程 [M]. 武汉: 华中科技大学出版社, 2006.

[14] 郝海龙. 直线电机车辆动力学仿真研究 [D]. 北京: 北京交通大学. 2006, 3-8, 56-63, 77-78.

[15] 何旭辉, 裘伯永. 对预应力混凝土连续梁悬拼施工有关问题的探讨 [J]. 铁道建筑技术, 2000 (1): 95-38.

[16] 何雪峰. 高速道岔轮轨耦合系统动力分析 [D]. 北京: 北京交通大学, 2006.

[17] 姜卫利, 高芒芒. 轨道梁参数对磁浮车—高架桥垂向耦合动力响应的影响研究 [J]. 中国铁道科学. 2004, 25 (3): 72-75.

[18] 谌润水, 胡钊芳. 公路桥梁荷载试验 [M]. 北京: 人民交通出版社, 2003.

[19] 李娜. 直线电机城市轨道交通系统的特点及应用 [J]. 电力机车与城轨车辆. 2005, 28 (3): 52-54.

[20] 李小珍, 蔡婧, 强士中. 京沪高速铁路南京长江大桥列车走行性分析 [J]. 工程力学, 2003, 20 (6): 86-92.

[21] 廖利, 高亮, 谭复兴, 等. 直线电机轨道交通系统车辆—板式轨道垂向耦合动力学模型的研究 [J]. 城市轨道交通, 2006 (2): 22-26.

[22] 林俊, 戴焕云, 池茂儒. 采用独立车轮的直线电机轨道车辆的动力学分析 [J]. 电力机车与城轨车辆, 2006, 29 (3): 35-37.

[23] 刘建红. 刚性轨下基础桥梁徐变控制 [J]. 铁道标准设计, 2003 (3): 13.

[24] 刘晓芳, 柳拥军, 施翊. 加拿大直线感应电机车辆技术 [J]. 都市快轨交通, 2006, 19 (2): 68-71.

[25] 柳拥军, 杨中平. 直线感应电机悬挂技术 [J]. 都市快轨交通, 2006, 19 (1): 49-51.

[26] 刘钊, 余才高, 周振强. 地铁工程设计与施工 [J]. 北京: 人民交通出版社, 2004.

[27] 刘志文, 宋一凡, 赵小星. 空间曲线预应力束摩阻损失参数 [J]. 西安公路交通大学学报, 2001 (7): 21-23.

[28] 刘自明. 桥梁工程养护与维修手册 [M]. 北京: 人民交通出版社, 2004.

[29] 刘衍峰, 高亮, 冯雅薇. 桥上无缝道岔受力与变形的有限元分析 [J]. 北京交通大学学报, 2006 (01): 66-70.

[30] 马鸣楠, 高亮, 俞照辉. 直线电机轮轨交通整体道床力学特性研究 [J]. 都市快轨交通, 2007, 20 (3): 39-42.

[31] 蒙晓莲, 等. 桥梁节段预制拼装技术及其在城市轨道交通中的应用 [M]. 广州: 华南理工大学出版社, 2006.

[32] 庞绍煌, 高伟. 广州地铁 4 号线直线电机车辆 [J]. 都市快轨交通, 2006, 19 (1): 77-78.

[33] 彭德运, 金卫斌. 预制悬挂施工连续梁桥的设计方法 [J]. 桥梁建

设，2006（1）：25-28.

［34］钱建漳，周一桥. 采用长线法和短线法预制预应力混凝土箱梁节段的比较［J］. 公路交通技术，2003（10）：69-72.

［35］裴伯永，盛兴旺，乔建东. 桥梁工程［M］. 北京：中国铁道出版社，2001.

［36］沈锐利. 高速铁路桥梁与车辆耦合振动研究［D］. 成都：西南交通大学，1998.

［37］施翊. 直线电机轮轨交通在重庆轨道交通1号线的应用研究［J］. 都市快轨交通，2006（1）：59-63.

［38］时瑾，魏庆朝，万传风. 直线电机地铁线路设计关键技术［J］. 中国铁道科学，2004，25（2）：130-133.

［39］田振，吴迅. 高架桥无缝线路纵向力分析模型［J］. 城市轨道交通研究，2002，1：28-31.

［40］王冬梅，辛涛，高亮. 轨道不平顺对直线电机轨道交通系统动力特性的影响［J］. 都市快轨交通，2007，7：36-38.

［41］王菁. 直线电机轮轨交通轨道设计关键技术的研究［D］. 北京：北京交通大学，2005.

［42］魏庆朝，冯雅薇，吴建忠. 日本直线电机轨道交通车内噪声测试及分析［J］. 都市快轨交通，2006（1）：80-83.

［43］吴建忠，等. 北京城市铁路弹性扣件的设计［J］. 铁道建筑，2003，1：11-19.

［44］肖俊恒，等. 高架桥无砟轨道用小阻力弹性扣件的研究设计［J］. 铁道建筑，2002（9）：18-21.

［45］徐庆元. 小阻力扣件桥上无缝线路附加力［J］. 交通运输工程学报，2003（3）：25-29.

［46］杨中平. 日本直线电机地铁的发展［J］. 都市快轨交通，2006（1）：11-15.

［47］俞展猷. 直线电机在城市轨道交通中的应用［J］. 中国铁路，2003（4）：46-47.

［48］于春华. 城市轨道交通轨道扣件综述［J］. 铁道工程学报，2003，9：31-33.

［49］张格妍. 车辆浮置板轨道垂向耦合动力分析［D］. 北京：北京交通大学，2004.

［50］张学军. 直线电机系统在重庆市轨道交通中的应用初探［J］. 都市快轨交通，2005（3）：25-28.

[51] 招阳，魏庆朝，冯雅薇. 直线电机轮轨交通系统的环境影响及对策 [J]. 都市快轨交通，2006，1：84-87.

[52] CHU K H, et a1. 9 Dynamic interaction of railway train and bridges [J]. Vehicle System Dynamics，1980，4：207-236.

[53] CLARK C. The UK industry proposals（OR improved specifications and standards for post-tensioned concrete bridge [C] //Proc. of FIP Symposium. London，1997.

[54] BHATTI M H. Vertical and lateral dynamic response of railway bridges due to nonlinear vehicle and track irregularities [D]. Chicago：Illinois Institute of Technology，1982.

[55] BOGAERT V. Dynamic response of trains crossing large span double-track bridges [J]. Constructional Steel Research，1993，24（01）：57-74.